L'aventure
extraordinaire des
plantes voyageuses

Katia Astafieff

植物远行的
十大传奇

［法］卡蒂亚·阿斯塔菲芙————著
陆洵————译

海天出版社
·深圳·

图书在版编目（CIP）数据

植物远行的十大传奇 / (法) 卡蒂亚·阿斯塔菲芙著;
陆洵译. — 深圳：海天出版社，2020.1
ISBN 978-7-5507-2689-5

Ⅰ.①植… Ⅱ.①卡… ②陆… Ⅲ.①植物—普及读
物 Ⅳ.①Q94-49

中国版本图书馆CIP数据核字(2019)第144208号

版权登记号　图字：19-2019-055号
Originally published in France as:
L'aventure extraordinaire des plantes voyageuses
by Katia ASTAFIEFF
© Dunod, 2018, Malakoff
Illustrations on pages 14, 15, 18, 34, 48, 64, 82, 98, 112, 140 and
154 by Rachid Maraï
Current Chinese translation rights arranged through Divas Inter-
national, Paris 巴黎迪法国际版权代理 (www.divas-books.com)

植物远行的十大传奇
ZHIWU YUANXING DE SHI DA CHUANQI

出 品 人	聂雄前
责 任 编 辑	林凌珠
责 任 校 对	万妮霞
责 任 技 编	梁立新
封 面 设 计	A BOOK STUDIO–Aseven Design

出 版 发 行	海天出版社
地 　　　址	深圳市彩田南路海天综合大厦（518033）
网 　　　址	www.htph.com.cn
订 购 电 话	0755–83460239（邮购、团购）
设 计 制 作	深圳市龙瀚文化传播有限公司 0755–33133493
印 　　　刷	深圳市希望印务有限公司
开 　　　本	889mm × 1194mm　1/32
印 　　　张	6.25
字 　　　数	110千
版 　　　次	2020年1月第1版
印 　　　次	2020年1月第1次
定 　　　价	38.00元

前　言

　　我很高兴地拜读了卡蒂亚·阿斯塔菲芙的新作《植物远行的十大传奇》。我觉得这本书很有教益，给人启发，读后让人兴奋不已，而这些特点在植物学书籍中并不常见。

　　仔细翻阅，会发现这本书属于人类植物学的范畴，因为作者卡蒂亚跟我们讲述的并不是植物本身，而是告诉我们，正是靠着植物学家的旅行，我们才逐渐熟悉了一些外来物种（猕猴桃、红杉、人参、草莓、烟草、大黄、茶等）。这些植物学家冒着生命危险去这些物种的原产地寻觅它们，告诉我们它们有什么用途。条件允许时，便将其引入欧洲种植。如若条件不允许，则把植物标本、图像和有价值的描述带给我们。

　　然而，并非所有的植物学家都在野外工作。他们中的许多人在博物馆或植物园工作，在植物标本室或研究物种培育的遗传学实验室工作。对于这些人，我很乐意把书赠送给他们。我相信，在原生环境中，植物会向我们展示其真实属性，它们的智慧也会得到正确评价。

　　我心目中的英雄叫皮埃尔·普瓦夫尔，法国里昂人，生于1719年。他曾梦想向毛里求斯岛引入当时被荷兰人垄断的香料树。在前往印度尼西亚的途中，他与英国人打了一场海战，战争中他的右手不幸被一颗炮弹击中而炸飞。从此以后，他就用左手写字，但这并没有妨碍他继续自己的工作。到了18世纪末，毛里求斯庞波慕斯植物园便种植了丁香和肉豆蔻。

　　说实话，我的身上缺乏常常自诩为冒险家的那种人的激情。在生活中，我遇见过许多种激情，不过比起热带雨林，开着空调的酒吧里所散发出的激情更让人觉得亲切。在我看来，卡蒂亚笔下的英雄追求的并不是冒险，而是更为有趣的东西：植物！

　　我特别喜欢本书的风格，有些人可能会觉得它不太常见。但植物学的语言需要推陈出新，正如意大利人所言："感谢您的创新！"

　　读者朋友们，你们手里捧着的这本书，它的写作风格是全新的：这是第一本使用人物杂志、摇滚音乐会、电子游戏和真人秀的语言写成的植物书。

弗朗西斯·阿莱

蒙彼利埃，2018年2月9日

序 章

　　植物学研究并不是一项躲在小书房的阴凉里休憩，然后坐着不动、无所事事便能完成的科学工作……它需要人们越过高山、穿过森林、爬过陡峭的岩石，置身悬崖峭壁之上。

　　——贝尔纳·德·丰特奈尔（1657—1759），《图内福尔颂歌》

　　在中国旅行期间，我来到了云南的一处山谷，走进了一座名叫玉湖的小镇。这座小镇就在风光旖旎的丽江古城边上，在海拔5596米的玉龙雪山的脚下，房屋是用绰号"猴头"的石头垒成的。纳西族的老妇人戴着蓝色帽子，穿着传统服饰走过街道。风景美得不可思议，让人叹为观止。我立刻明白了为何他一直都不想离开这里。

　　我来看他的房子，他的家，他的巢穴。房子的主人是一名古怪而又聪明、鲁莽而又优雅的植物学家，一名执着的植物学家，对植物和中国都很着迷。这位植物学家名叫约瑟夫·洛克。他发现了大量植物，他的生活也非常神奇。

　　这个神奇的地方与我诸多心仪之事不谋而合：旅行、

植物和冒险。

旅行？我有时会想到帕斯卡①的一句话："人类所有的痛苦都来自一件事，那就是不知道如何在一个房间里休息。"布莱瑟，确实如此！

也许，我的房间很舒适，羽绒被很柔软（虽然挂毯需要重做）。然而，我永远无法从中感受到乘坐西伯利亚的火车时坐在三等车厢座位上的温柔的苦涩——只能看着窗外的风景陷入沉思，窗外有世界上最壮观的森林，还有一望无际的草原。我无法感受到吉尔吉斯旅馆床铺摇摇欲坠所迸发出的自由感，也无法感受到在大雨滂沱的爱尔兰挤在湿气弥漫、小如虫茧的帐篷里过夜的煎熬。

然后……待在房间里，能对世界了解多少？能对新鲜树皮的气味和热带森林的湿润了解多少？又能对臭气熏天的城市和破旧不堪的公交车了解多少？房间，确实不错，不过……它也只是两次旅行间的一个休憩之地而已。

我经常被问到这个问题：为何要远行？答案并不简单，不过倒也显而易见：怎么能不远行？

就这样，我踏上旅途，环游世界，为了看看这个世界，为了看看它原本的模样，而不是看了报道后臆测出的形象。我沿着探险家们的足迹，潇洒地出发了，即便我离赶上他们的足迹还很远，很远。不带地图和卫星导航定位装置就

---

① 布莱瑟·帕斯卡（1623—1662），法国神学家、哲学家、数学家、物理学家、化学家、音乐家、教育家、气象学家。

去冒险，这样的日子已经一去不复返了！

　　这就是我的雄心壮志：走遍中国，然后有一天写一写约瑟夫·洛克这位卓尔不群的植物学家的独特生活。他发现了一种神秘的牡丹。这场发现简直可以写成一部侦探小说！我想讲讲这种牡丹的故事，也想说说外来植物经常被人遗忘却又令人惊叹的传奇。我一直着迷于它们的美丽、它们的独特魅力和滑稽之处。不过我不谈它们的智慧，这一点不要强求，即便它们拥有不为人知的适应能力和沟通能力。

　　每种植物都有故事。以大黄为例，这种叶子又大又难看的植物已经在我们的菜园里生长了好几个世纪，难道它们就只能用来做馅饼？错！大黄来自中国内陆地区，来自西藏的山区。它穿越了西伯利亚，遇到了一位伟大的博物学家西蒙·帕拉斯，他受俄罗斯女皇叶卡捷琳娜二世的派遣，来到俄罗斯最偏远的地区探险。这株简单的植物让人猛然想起西伯利亚的形象，让我离贝加尔湖和俄罗斯人的热情更近了些。

　　嗯，你们不相信吗？想想加州红杉、淘金热、牛仔、骑马驰骋的克林特·伊斯特伍德①……好吧，我们不知所措了。红杉，所以……巨大、雄伟、壮观……翻开一本同义词辞典，里面用来修饰美国西部这种自然遗产的形容词不胜枚

---

① 克林特·伊斯特伍德（1930—　），美国著名演员、导演、制片人，主演的电影代表作有《黄金三镖客》《廊桥遗梦》等。2005年，他凭借执导的电影《百万美元宝贝》获得第77届奥斯卡金像奖最佳导演奖。

举。红杉的故事与探索者阿奇博尔德·孟席斯的故事密切相关，后者与乔治·温哥华一起环游了世界。这些树第一次出现在我眼前时，我的内心比看到金门大桥时还要激动。

你也可以想象一下一种巨大的花朵，它是世界上最大的花！你也许从未听说过大王花。在一次于马来西亚丛林的艰苦徒步旅行之后，我遇到了这种不同寻常的植物。面对这样的东西，怎能不感到惊讶呢？你听说过三叶橡胶树吗？当然，这种树比较常见。但我们经常忽略了它背后的神奇故事，以及它的发现者的故事。

有关植物和富有冒险精神的植物学家的故事不计其数。我要跟你们讲十则故事，讲十种植物，讲十个人物，讲十次探险。因为植物的史诗与人类的冒险相关，与往昔岁月的一些人物相关，这是毋庸置疑的。他们是博学多才的"流浪者"，也是"绿色黄金"的研究者。每个人眼中都有自己的男女主角、自己的明星、自己的男女英雄——或真实或虚构的人物。对于一些人来说，他们的英雄是甘地或特蕾莎修女。对于另一些人来说，则是迈克尔·杰克逊或Lady Gaga。对于其他人而言，会是维克多·雨果、曼德拉、米歇尔·斯特罗戈夫、波格丹诺夫兄弟（是的，就这些吧，不要再说了……）。

而我呢，我喜欢冒险家，真正的冒险家！那些为了科学，为了知识，为了发现而走遍世界的人，包括植物学界的冒险家。他们未必有哈里森·福特或肖恩·康纳利的模样，况且现实中这样的人物荡然无存，只存在于小说中。譬如罗伯特·福钧，他做过间谍，冒着生命危险深入中国边远地区探险，却依然保持着英国式的冷静。斯坦福·莱佛士①爵士创建了一个国家的雏形，并且跋山涉水深入丛林，发现了大自然的奇迹。

查尔斯·达尔文和库克船长永存于人们的记忆之中。但凡对自然科学略知一二的人，都知道卡尔·冯·林奈的名字。但是谁还记得弗朗索瓦·弗雷斯诺·德拉加图迪尔、安德烈·泰韦、米歇尔·萨拉赞？所以，我也想借此书表达对这些人的敬意。

由于人们对植物的了解日益加深，我借此机会分享一下书中提到的十种植物的最新知识。您将看到补充的逸事、遍布全书的小贴士、惊人的或是最新的科学现象，因为……旅行还远未结束！

---

① 斯坦福·莱佛士（1781—1826），原为英国东印度公司职员，1819年占领新加坡，使其沦为东印度公司领地；1822年在新加坡建立行政机构，制定法典，创办学校。

目 录

谍影重重

"詹姆斯·邦德"从中国偷来的植物

植物学家罗伯特·福钧从中国人那里偷走了最好的茶树。他使茶成为世界上消费最多的饮料。

⊙ 山茶树

如果世上没有茶，那英国人会遭受怎样的戏弄？世界人民如何分成两类截然不同的人：喝茶的和喝咖啡的？虽然有些人十分乐意分享品尝这两种饮料的乐趣。在摩洛哥的餐厅里，又如何冒着被宾客取笑和弄脏桌布的风险，专心致志、动作细致地沏茶？

我们就来谈谈茶壶吧！《爱丽丝梦游仙境》中的三月兔和疯帽匠试图把睡鼠关在哪里？你知道吗，犹他茶壶①可以让文学变成科学。它是三维合成影像的参照标准。更不用说还有古怪的茶壶收藏家，他们收藏陶瓷茶壶和铸铁茶壶，收藏形状不同、色彩各异的茶壶。甚至有人患上了茶叶过滤器收藏症和茶球收藏症。

茶叶远不止用于制作饮料这么简单。如果没有茶树这种非凡的植物，世界就不会是这般模样。是的，你可能猜到了，茶树是一种灌木。我们食用的是它的叶子。这个你也猜

---

① 犹他茶壶，或称纽维尔茶壶，是计算机图形学界广泛采用的标准参照物体，其造型来源于生活中常见的造型简单的茶壶。这个茶壶的数学模型是1975年由计算机图形学研究者马丁·纽维尔制作的，他是犹他大学先锋图形项目小组的一员。

到了吗？虽然……要知道低档茶包的主要原料是茶叶末。流水线上的分拣器轻轻扫几下，便完全可以为我们这样的西方人提供低档的茶叶！

我们得讲得更精准些（也要更学术化些），那就来谈谈我们的灌木——山茶树，它的拉丁学名叫 *Camellia sinensis*。实际上，它和装点我们花园的山茶花同科同属。此外，这种观赏性灌木来到欧洲并非出于偶然。17世纪，东印度公司希望通过把茶叶引入欧洲来打破中国的垄断。英国人要了些幼苗，但中国人很聪明，送的是山茶花苗。英国人对这种行为心知肚明，他们在这桩交易中还是有些收获的：由于观赏性山茶花美丽夺目的外观，其种植取得了巨大的收益。

鸦片之地

茶树在中国已经享誉数千年，其种植几乎完全由中国人垄断。自17世纪开始，茶叶由葡萄牙和荷兰商人进口到欧洲，最后在19世纪中叶完全被英国人夺取，他们一直希望获得品质更好的茶叶。

当时，全世界都钟爱两种植物：一种是本章专属明星——茶树，另一种则是不太值得推荐的植物——罂粟。英国人在印度垄断了罂粟的种植，而中国则几乎垄断了茶树的种植。

是茶，非茶

真正的茶是茶树的叶子。但在日常用语中，我们有时会把其他植物的制成品也称为茶。路易波士茶，又名南非红茶，便与茶毫无关联。它是由一种南非豆科灌木加工而成。与真正的茶叶不同，这种"茶叶"不含咖啡因。马黛茶，又名巴西茶、巴拉圭茶或耶稣会茶，由巴拉圭冬青的叶子制成，含有咖啡因。大约在1750年，当时的法国人所说的茶，指的不是冷茶，而是薄荷茶或菩提茶之类的热茶。

英国东印度公司把鸦片卖给中国人，而中国人则把茶叶卖给他们，这种状况持续了200多年……大家各取所需。英国人是昧着良心专事毒品交易的专家，东印度公司仍然是有史以来最大的经销商！这一切对中国人来说称不上是好事，因为为了拓展自己的贸易，英国人于1840年发动了第一次鸦片战争（1842年结束）。由此，他们在中国获得了新的通商口岸，而且得到了一项额外的小战利品：香港。1845年，英国人虽然很高兴与中国恢复了贸易往来，但他们却并不打算止步于此。他们决定购买更好的茶树在印度种植，并希望了解红茶和绿茶的制作技术。

为了实现这一目标，他们提出了自己的方案：派遣一名间谍。这名间谍得非常勇敢、熟悉中国，可以不惜一切代价来刺探茶叶的秘密。最后他们居然真的找到了这样的人：

罗伯特·福钧（1812—1880），一位知名的英国植物学家。1848年，他收拾好行李便上了路。福钧曾经在爱丁堡植物园工作过，虽然未做过深入研究，但他很快就展现出园艺和植物学方面的天赋。他受人关注，也是因为1843年发表了他受皇家园艺学会派遣而首次游历中国的游记：《中国北方省份的三年旅程》。他早已开始品评茶叶，并在先前的旅程中把一些新的植物品种带回了欧洲，譬如金橘。这是一种圆形的小柑橘，可以连皮吃下。今天，金橘属的拉丁名称（*Fortunella*）就包含了他的姓（Fortune）。他带回的植物中还有茉莉花和菊花。

间谍植物学家

你可能知道现实生活中的间谍或是文艺作品中的间谍，知道破解核技术或高科技领域秘密的实验小老鼠。但是你知道还有间谍植物学家吗？罗伯特·福钧称得上是植物学界的詹姆斯·邦德或玛塔·哈里①。他虽然没有这两位间谍性

———————

① 玛塔·哈里（1876—1917），荷兰人玛格丽莎·赫特雷达·泽莱的艺名，她是世界上最传奇的女间谍之一。从默默无闻的乡下女子到轰动巴黎的脱衣舞娘，直至成为左右逢源的双面女间谍。玛塔·哈里的传奇人生在西方有很高的知名度，其形象经常出现在各种文学、电影作品之中，在西方文化中有一定的影响力。

感，也没有这两位间谍有名，但其经历的离奇程度与之相比毫不逊色。

　　该如何来描绘我们的英雄呢？如果我们可以用"英雄"这个词来形容他的话。因为从事工业间谍和偷窃并不是一件十分优雅的事！我们可以说他是位绅士大盗，是植物学界的侠盗亚森·罗宾①。他踌躇满志，性格果断，热衷于植物学，心甘情愿地为自己的祖国贡献力量。而且这个男人还颠覆了经济秩序，帮助英国成为强国，进而改变了一点世界的面貌。作为苏格兰农民的儿子，福钧带了很多盘缠出发。他甚至可以……发财②。但行程充满了风险，他前进的动力并不是财富，而是对冒险的热爱。

　　福钧毫不犹豫地接受了他的使命：奔赴种植上等茶叶的中国南方地区，主要是福建武夷山和安徽黄山，收集茶种和茶苗。当时欧洲人被禁止进入这些地区，除了少数耶稣会士外，没有人敢在那里冒险。福钧本可以雇些中国人完成这项工作，但这些人是否会从这些他魂牵梦萦的地区给他带回茶，这一点无法保证。因而只有一个解决方案：自己亲自去一趟。不过到最后，他并不是一个人成行的，因为遇到了一个重要问题：当地方言。当时，普通话的教授还未普及，

① 亚森·罗宾是法国作家莫里斯·勒布朗作品中的著名侠盗、冒险家、侦探，与柯南·道尔的福尔摩斯齐名。

② 此处一语双关，法语"发财"（fortune）正好与罗伯特的姓"福钧"（Fortune）是同一个单词。

也没有拼音，所以有必要找个向导，甚至要找两个。一个当随从和翻译，另一个当苦力（即搬运工，或者更宽泛地说，农业劳动者）。不过正是这两个人，日后给他带来了各种麻烦！

⊙ 版画《茶树种植》，选自罗伯特·福钧1852年出版的著作《中国茶乡之行》。

来自长城以外的远方国度的大老爷

　　成为完美间谍的第一步：融入当地背景。为了不引人注目——否则就会给自己带来些小麻烦（比如死亡）——福钧决定乔装打扮一番。想象一下，一位苏格兰人打扮成清朝人的模样：剃了光头，戴着假辫子。你是不是觉得这很滑稽？不过这很有效！剃发不算乐事：福钧的苦力动作笨拙，把他的头皮剃出了血，疼得他直掉眼泪，而周围看热闹的船夫眼里却乐开了花（船夫是福钧行程中非常重要的人物，要知道在那个年代，中国人主要的旅行方式是坐船，而坐船可不是件轻松的事）。他身边的这两个家伙并不总能帮得上忙。他如此描述他的苦力："一个身材魁梧、手脚笨拙的男人，他出生在这个我想去的国家，除此之外，他一无是处。"至于另一个同伴王（音译），福钧这样形容他："一个愚蠢而顽固的人，差点让我们陷入该死的困境。"两个人不断争吵，总是千方百计想从他们的雇主那里榨取钱财。他们言行冒失，但冒险家总能巧妙化解。我们真想知道他是如何化解的。有时候，其中一个会跳出来告发，告诉船夫船上有个外国人；有时候，另一个会和他讲些有关海盗和小偷的恐怖故事，吓得他睡不着觉。他们不想显得无事可干，还会假装在大自然中迷了路，或是和船夫一起装糊涂。如果有中国人问这个像外国人的人到底是谁（他说不出"我的名字叫福钧"），回答总是千篇一律：一位来自长城以外的远方国度的大老爷。这很能唬人，于是有些人便对他极其客气。

通常情况下，为了摆脱这种状况，老练的冒险家自有一套办法：保持被动，顺其自然。

冷静地采取行动，千万不要发脾气。这应该是每位旅行者的座右铭，特别是在中国的旅行者。最好一直这样做。

英国式的冷静！如果福钧的苦力们想让他穿过一座大城市，而他却想从外围绕过而不被人发现时，这份冷静就会发挥作用。如果搬运工们发生争吵，其中几个人花掉了欠另外几个人的茶钱和香烟钱的话，那么这份冷静的作用就没有那么大。

为了平息事态，福钧会把欠的款项付清，以免惹人注目，然后再雇用其他搬运工。

就这样，他的整个行程都充满了吵闹。所以最好的办法便是保持清醒的头脑，尽力做好一切以避人耳目，避免与陌生人交谈免得穿帮露馅。有一天，经过白天的旅途劳顿之后，他很高兴找到了一家不错的客栈。尽管饥肠辘辘，但他谢绝了一顿美餐，推辞说要和他的仆人一起吃饭，原因其实很简单，因为他不会用筷子……

一个英国人在中国的磨难

一天早晨，我们这位来自长城以外的远方国度的大老爷被客栈里的打斗声吵醒了。十几名壮汉正在围攻他的仆人，而仆人则挥舞火把迫使他们不敢上前。福钧赶忙回到房间拿起一把小手枪，却发现手枪由于空气潮湿生了锈，已经无法使用。真是可惜……冒险家折回打斗现场，看到那些人"脸上的表情坚毅果敢"，他发现这些家伙（搬运工们）盯上了仆人，因为仆人想从他们身上骗走300枚铜钱。故事并没有到此结束，因为显而易见的是，第二天搬运工们就不想再替他们干活了。于是，这位名叫兴豪（音译）的仆人决定把所有行李打包，重重地背在自己身上，像头骡子一样。结果扁担承受不住所有行李的重量，嘎吱一声断了，包裹纷纷掉在泥泞的地上。今天看来，这样的场景颇为滑稽可笑，人们马上会联想到劳雷尔和哈迪①的喜剧电影。但在当时，罗伯特·福钧可并不觉得这事多有趣，他总想着要纠正这个不断犯错的滑稽家伙。但他毕竟是名优雅的绅士，面对眼前这个浑身溅满泥浆的可怜人，他还是心生怜悯之情。

---

① 劳雷尔和哈迪是由瘦小的英国演员斯坦·劳雷尔与高大的美国演员奥利弗·哈迪组成的喜剧双人组合，在1920年代至1940年代极为受欢迎。他们演出的喜剧电影在美国电影早期的古典好莱坞时期占有重要地位。

还有一次，四个人冲到船上，想要殴打船老大。因为船老大偷了几袋米。受害者并不想就此算了，便花钱找了几个人。船老大不想付米钱，况且他还喝了酒，有点醉醺醺的。于是那几个人便把船帆偷走了！这下要继续行程就有点尴尬了……

在整个行程中，我们这位来自长城以外的远方国度的大老爷难免会遇到抽鸦片的人。鸦片不是他要的茶。比起罂粟花，他对山茶花更着迷。如果看了他对鸦片吸食者的描述，便不太想到《丁丁历险记·蓝莲花》中去游历了：

过度吸食鸦片对这个男子产生的后果就是他变得极其忧郁。他脸颊凹陷，面色憔悴，神色惊慌，他的皮肤呈现出特殊的玻璃光泽。这样的肤色让人很容易识别出抽鸦片的人。显然，这个人已经时日无多。

要知道经常吸食鸦片的人会在五六年后死亡。如果睡在一位鸦片鬼边上，除了饱受烟雾缭绕的折磨之外，还得忍受其他不适。福钧有过这样的体验。有一天，他睡在一位中国老人的楼上，突然被一阵奇怪的声音吵醒了。对此他这样描述：

他的鼻腔时不时地发出可怕的巨响，正是这些声响以及睡觉者的嚎叫声把我吵醒了。

在茶叶之国的这次游历真是不幸！

只喝茶可以活三年

1839年，巴尔扎克出版了《论现代兴奋剂》。在这本书中，他讲述了一个在三名死刑犯身上实施的实验。对于自己剩下的日子，他们可以选择绞刑，也可以选择只吃一种食物。第一位选择只喝茶，第二位选择只喝咖啡，第三位选择只吃巧克力（我会选巧克力！尽管……）。以下是实验结果：

靠吃巧克力生存的人活了八个月。

喝咖啡的人活了两年。而喝茶的人过了三年才死。

我怀疑这是东印度公司为了自己的贸易收益而发起的实验。

吃巧克力的人死状极其惊悚，全身腐烂，爬满了蛆虫。他的肢体一个接一个地掉了下来，如同西班牙的君主制一样。

喝咖啡的人是被烧死的，仿佛被罪恶之城蛾摩拉的火焰灼烧过一般。他的骨灰倒是有用，有人提过这个，但这项实验似乎与倡导灵魂不朽很不搭调。

喝茶的人骨瘦如柴，皮肤几乎是半透明状。他死于营养不良，尸体像灯笼一样：隔着他的身体依然可以看清对面的东西。把一盏灯放在他的身体后面，一位慈善家便能看《泰晤士报》。端庄稳重的英国人可做不了这样一项"别出心裁"的实验。

绿茶与红茶

尽管有同伴的明枪暗箭，但福钧依然对这次游历倍感欢欣，对天朝雄伟壮丽的美景不断发出啧啧赞叹。不过他并没有忘记这趟行程的目的：了解茶叶的一切！他发现到处都有茶树，有的甚至生长在非常陡峭的山坡上。他记得某一本书里讲过，有人让猴子去采茶。这些猴子并没有经过训练，人们故意朝它们扔石头激怒它们，它们便折断茶树枝叶扔向人类，以示反击！不过这可能只是传说而已。

不管怎样，福钧将会有一项有趣的发现，它将证实他先前在中国游历时观察到的——红茶和绿茶其实来自同一种植物，而当时的欧洲人并不知道这点。两种茶唯一的差别在于发酵过程。在茶叶采摘后迅速终止其氧化便得到了绿茶，如使其氧化则会得到红茶。至于不同种类的茶，福钧只是回顾了英国汉学家约翰·弗朗西斯·戴维斯[1]爵士的观察。戴维斯在自己的著作《中国人》（1836年出版）中提到，茶的品质各有千秋，其中有一种茶叫白毫（至今仍叫这个名字），是由茶树最早萌发的茶芽采制而成，这种茶叶披满白色茸毛。

---

[1] 约翰·弗朗西斯·戴维斯（1795—1890），英国汉学家，曾任香港第二任总督（1844—1888）。

在获得正式的名称之前，茶树被一位名叫恩格柏特·坎普法（1651—1716）的德国人称为"山茶"（拉丁学名：*Thea japonica*）。坎普法是一名医生，到访过中国和日本。著名的瑞典博物学家卡尔·冯·林奈（1707—1778）把茶树重新命名为"茶"（拉丁学名：*Thea sinensis*）。不过，正如福钧在他的书中所提到的，人们对绿茶和红茶的认知存在错误，认为这是两个不同品种的茶。绿茶被称为"绿茶"（拉丁学名：*Thea viridis*），而红茶被称为"茶树"（拉丁学名：*Thea bohea*）。1887年，德国植物学家卡尔·恩斯特·奥托·库茨（1843—1907）把茶归入山茶科，并将其改为现在的名称。

茶的归化

对茶的研究永无止境。茶主要有三个品种：

● 中国茶树（拉丁学名：*Camellia sinensis* var. *sinensis*），原产于云南；

● 阿萨姆茶树（拉丁学名：*Camellia sinensis* var. *assamica*），印度种植；

● 柬埔寨茶树（拉丁学名：*Camellia sinensis* var. *sambodiensis*），遍布整个东南亚。

茶叶品名的确立并不容易。在修订分类后，植物学家要对新名称取得一致意见，有时意见无法一致，这事经常发生。因此，柬埔寨茶又被称为

Camellia sinensis var. *lasiocalyx*。

2016年的分子研究使人们得以深入了解这些茶的归化进程：

● 中国茶就来自中国，饮茶在中国已经有约4000年的历史。

● 从遗传角度来看，印度种植的中国茶与中国本土茶叶相同，说明这种茶叶一定是从中国引入印度的。

● 中国种植的阿萨姆茶与印度种植的阿萨姆茶具有不同的遗传谱系。

福钧还有一项令人不快的发现：为了满足英国人对茶叶的强烈需求并获取丰厚利润，茶农有时会用普鲁士蓝染料染制绿茶。

福钧还介绍了茶叶运输的讲究：茶叶装箱后用竹竿固定，不准直接放在地上。他也趁此次旅行收集植物，采集标本。有时，他很难说服中国人帮忙搬运这些草木，因为他们觉得这些东西不吉利。他发现了一棵美丽的棕榈树，还把它运回英国，送给植物学家约瑟夫·道尔顿·胡克（这个人也是杰出的生物学家查尔斯·达尔文的好友）。胡克（1817—1911）根据达尔文的名字查尔斯（Charles）将它的拉丁学名命名为*Chamaerops excelsa*。在并入另一种属之后，棕榈树又有了新学名：*Trachycarpus fortunei*（也许这样的细节让人生厌，不过最挑剔的人对此还是颇为在乎的，因为植物学家从不拿拉丁学名开玩笑）。在一家旅馆的花园里，福钧看到了一棵雄伟的柏树，大喜过望。他对这种植物如此倾心，差点想翻墙去偷取果实：我们这位英国间谍被视为绅士，所以必须抑制住偷盗的冲动。总之，他的行事不能引人注目，何况他还打扮成了中国人的模样！他对一株美丽的小檗着迷不已，然后把它引入了欧洲。

在这趟旅行中，罗伯特·福钧认真工作，没有一刻懈怠。从1848年起，他相继把多批茶运往印度。但几乎所有的茶种都在路上腐烂了。之后，他找到了一种更好的运输方法：将茶种装在一种便携式的迷你暖箱里。过了3年，任务完成！2万株茶树完好无缺地到达目的地，将在印度山麓种植。茶树并非独自来到异国他乡：福钧专门招募了8名从事茶叶种植和制作的中国茶工。

茶香的秘密

茶叶为何会如此清香怡人？山茶属（拉丁学名：*Camellia*）植物包含100多个种类，但只有"茶树"（拉丁学名：*Camellia sinensis*）的叶子能用来制作这种特殊的饮品。遗传学研究刚刚揭示了几个有关茶叶的秘密。一个中国实验室对茶树的基因组进行了有趣的测序，并将其与山茶属的其他物种进行了比较。这项工作花了整整5年时间！研究成果发表在2017年5月1日出版的《分子植物》期刊上。茶叶含有高浓度的化合物，如咖啡因、黄酮或儿茶酸。山茶属的所有物种都会产生这些化合物，但茶树产生的要多得多。研究人员发现，茶树基因组含有30亿个碱基对，是咖啡树的4倍。实际上，某些基因组序列反复出现，类似于复制粘贴。

今天，茶叶获得的成功有目共睹。茶饮是世界上消费最多的饮料，当然没有水多，但排在啤酒和咖啡之前，甚至也在法国葡萄酒之前，我们得承认这一点。现在，你可能会以不同的方式来品茶，你会想到这茶叶是产自世界另一端的。如果它来自印度并且清香四溢，你可能会想到来自长城以外的远方国度的那位大老爷。

美味之旅

海盗从智利带回的多汁水果

今天，草莓之所以能让我们的味蕾悦动起来，得感谢一位姓弗雷齐耶的人，他是鼎鼎大名的植物学家、探险家、建筑师，也是一名间谍。1714年，他从智利带回了几株植物，从而改变了历史进程。

⊙ 智利草莓

如果对改变世界，或者说是改变美食家的世界的一种植物闭口不谈，那么撰写此书就绝对显得难以理解。少了这种植物，我们的童年就没有同样的芬芳，我们的甜点会缺少一种基本配料，我们的生活也将索然无味。

这种植物就是草莓！设想一下，如果生活中没有草莓酱，没有吐司果酱和草莓派，没有草莓圣代，或者只是没有盒装小糕点……甚至有一种火鸡睾丸配切片草莓的菜肴，但这个嘛，我放弃……

每个人，或者几乎每个人都认识草莓。有些人有草莓鼻，但这是另外一个话题了。我们先回顾历史，熟悉一下情况。草莓的拉丁学名是*Fragaria*，属于蔷薇科（玫瑰也属蔷薇科，如果你想做个比较的话）。草莓底部萼片突出，五片花瓣，侧生花柱，单一柱头，离生雌蕊，纵向开裂，这些我就不和你细说了……我是不是已经把你弄晕了？

如果你想获得更加简单易懂的知识，只要翻翻植物学家弗朗索瓦·罗齐尔（1734—1793）写的初级读本就行。这本书发行于1796年，"几乎在所有话题里，草莓都是一种有益健康的食物"。这真是个好消息！如果你正为买了一盒高价草莓而心痛不已，请想一想它的保健功效，这样你的心会宽慰不少。要知道，瑞典博物学家卡尔·冯·林奈很喜欢吃草莓，他就没有得过痛风。罗齐尔认为草莓对缓解肾绞痛也大有裨益。

> ## 草莓：奇特的水果
>
> 　　在食用方面，草莓是一种极佳的水果。但它在植物学领域也是如此吗？草莓的果实不是人们吃的多汁部分，而是附着在其表面的黄色瘦果。我们感兴趣的肉质部分并不是由雌蕊转变而来，而是花托变成的聚合果。所以草莓本身就是水果沙拉！

来自法国萨瓦省的间谍

　　多汁美味的小鲜果的奇遇与一位出色的法国探险家有关，这位探险家姓弗雷齐耶（1682—1773）。这姓氏并非刻意为之！[1]最奇妙的偶遇成就了这位青史留名的探险家。

　　事实上，他的姓氏确实有一段与草莓有关的故事。他的一位祖先朱利叶斯·德·贝里于916年从法国国王查理三世那里得到了这个赐姓，因为查理三世感谢他在宴会后慷慨赠送了一盘野草莓。移居英国之后，原名Fraise变成了Frazer。最后，家

---

① 在法语中，弗雷齐耶（Frézier）和草莓（fraisier）的发音相同。

族中的一支在法国萨瓦省定居后，姓氏就变成了Frézier。

我们的冒险家全名叫阿梅代-弗朗索瓦·弗雷齐耶，1682年出生于法国尚贝里。当时，人们已经认识野草莓。小野草莓或野草莓（拉丁学名：*Fragaria vesca*），也被称为野生草莓或普通草莓，是一种原产于欧洲、北美和亚洲的温带植物。草莓的种植最早可以追溯到14世纪。1368年，罗浮宫花园里种植了12000株草莓。而在此之前，人们只能在森林里采到它们。路易十四特别喜欢吃草莓，但他的御医不准他食用这种水果。需要说明的是，国王喜欢吃个痛快，最后总会把一堆草莓一扫而光。

法国佳丽格特草莓如何成为闪耀的明星

佳丽格特（Gariguette）草莓总是最耀眼的明星。这一品种是法国国立农业研究所在20世纪70年代末用贝尔鲁比（Belrubi）和范维特（Favette）杂交而成的。这一做法的初衷是为了培育真正能够与西班牙草莓媲美的优质草莓。

从16世纪开始，德国草莓和比利时草莓逐渐被另一种草莓——拉丁学名为*Fragaria moschata*的草莓盖过了风头。这种草莓样子很丑，但个头更大，香气更浓。要知道水果和人一样：真正的美在内心。它就是麝香草莓，不过，就说到这儿吧。

不久之后，到了16世纪末，雅克·卡蒂埃①带来了北美的草莓，称其为弗吉尼亚草莓。

这一事件最终把我们引向了英雄探险家：弗雷齐耶。他的父亲是一名宫廷大法官，他注定也要从事法律工作。但他讨厌这门学科，觉得天文学和地理学更为有趣。他也在意大利学建筑，不过，在追求科学事业的道路上，他对于是否学医或是从事神学研究犹豫不决。最后，他选择参军，当一名军事武器工程师。他的偶像是一位名叫沃邦的防御工事天才。之后，他去法国圣马洛工作，参与了城市扩建工程。

1711年，幸运女神眷顾了这位渴望冒险的人：他被派往智利，秘密研究这座西班牙港口城市的防御工事②。又是一名间谍！他必须拿到这个国家的许多信息：资源分布、地理状况、风俗习惯等。

1712年1月6日，阿梅代-弗朗索瓦离开了圣马洛。出发那一天并不风平浪静，而是狂风大作。探险船队目睹另一艘船发生了沉船事故。一天之中，淹死了三个人，报废了一条船。接下来的行程也是一波三折，而且还得提防海盗侵扰！

经过几个月的秘密航行，船队于同年6月16日到达康塞普西翁港③，差不多航行了五个多月。弗雷齐耶是一名阿尔

---

① 雅克·卡蒂埃（1491—1557），法国探险家、航海家。他是首位到访加拿大内陆的欧洲航海家。
② 1541年至1810年，智利为西班牙殖民地。
③ 康塞普西翁，智利第二大城市。

巴托式的自然主义者，他与当地的统治者关系密切，工作进展十分顺利。

发现智利的白草莓

翻开弗雷齐耶的游记，到处可见他对探索与发现的热爱：

显然，天地万物的结构让我钦佩，也让我感到好奇。我从小便对获取知识怀有极大的兴趣，对我而言，无论是地球仪、地图，还是游客的叙述，都具有独特的吸引力。

他也谈到了大自然的神奇造就的一种块茎植物，因为它可以用来制作薯条：

在康塞普西翁港附近，智利印第安人家里的普通食物是土豆或菊芋，他们称之为"爸爸"，其味道相当寡淡。

弗雷齐耶是使用"土豆"这一名称的第一人。当时拼写改革还未进行①，所以他对"菊芋"的随意书写情有可原。但是他把植物搞混了，这就不太值得原谅：土豆与菊芋完全不同！一个是茄属龙葵亚属，另一个是向日葵属。每个人都应该了解！不是吗？好吧……

究竟是谁先发现了神奇的土豆？弗雷齐耶显然要早于他的朋友安托万·帕门蒂埃。不过，要不是帕门蒂埃把自己

① 法语中"菊芋"的正确拼写为topinambour，弗雷齐耶把它写成了taupinambour。

的名字贴在一道普普通通的碎牛肉上①，他的名气也不会盖过弗雷齐耶。真是浪费啊……当然，正是由于发现了土豆，帕门蒂埃才让成千上万的人免受饥饿之苦，挽救了他们的生命。弗雷齐耶的名气显然无法与他相提并论。那就让草莓来拯救人们的胃吧！

让我们言归正传。要给弗雷齐耶带来硕果的正是一株草莓。当我们的主人公第一次看到草莓时，他觉得这些果实硕大无比！当然，这是和个头寒酸的法国草莓相较而言。在智利，他说这些草莓"像鸡蛋一样大，像坚果一样美丽"。他说智利的"草莓叶更加圆润，更具肉质，布满茸毛"，而果肉"白里透红，口味上没有我们的野草莓精致"。

在到达南美洲两年后，成功完成任务的希望越来越渺茫。乌得勒支和约②使任务被迫中止，他也不得不撤离。于是，这位集海盗、植物学家、探险家、建筑师、间谍于一身的冒险者，成了众人眼里的走私犯。

弗雷齐耶带着几株草莓回到了法国。旅途漫漫，航行持续了六个月。运气也不佳，大部分植株都死了，仅有五株活了

---

① 这里指法国菜肴"帕门蒂埃碎牛肉"，国内通常译为"土豆泥焗牛绞肉"。这是一道非常经典的法国家常菜，主要用土豆泥和碎牛肉烘烤而成。

② 乌得勒支和约是1713年至1715年由欧洲多国于荷兰乌得勒支签署的和约，旨在结束西班牙王位继承战争。该和约不是单一的文件，而是一系列和平条约的总称。该系列和约的签订国包括西班牙帝国、大不列颠王国、法兰西王国、葡萄牙王国、萨伏依公国与荷兰共和国，和约的签订标志着法国称霸西欧的局面告终。

下来。他把三株赠给了皇家花园的植物学家安托万·德·朱西厄（1686—1758），一株送给了布列斯特的防御工事部长，最后一株则留给了自己。不过有个小问题：他采摘的植株没有雄蕊，所以无法独自结果！弗雷齐耶自认为选到了漂亮的植株，但他只把雌蕊植株带了回来。真是遗憾……

谈谈草莓的性别

这个故事可能是一出悲剧（对于我们的味蕾而言），但它终究也有好的一面。新草莓与弗吉尼亚草莓杂交后，长出了"凤梨草莓"，拉丁学名为*Fragaria × ananassa*。这种草莓既有智利草莓的大小，也有弗吉尼亚草莓的口味。缺陷也很可怕，它可能会长出淡而无味的小草莓！也不要相信这种草莓是与凤梨杂交出来的，它之所以得此名是因为它带有一丝凤梨的气味。

著名的花园草莓是在种植中最早获得的杂交品种之一。杂交很可能是由邻近的植株自然进行的。

法国植物学家安托万·尼古拉·杜申（1747—1827）给这种草莓取了新名字，他不光觉得吃草莓很有乐趣，同时觉得种植草莓和研究草莓也挺有意思。有些人猜测杜申把各种草莓进行杂交培育。这一点很难证实，但无论如何，结果就摆在那里！

1766年，年仅19岁的杜申出版了一本名为《草莓自然史》的书，其主题极富吸引力，颇有成为畅销书的潜力。他在凡尔赛宫皇家菜园工作，精心呵护着萨瓦省间谍带回来的草莓。这不光是出于一份简简单单的园丁的激情，正如其出版的11卷书所证明的那样：杜申成了科学史学家。他拜贝尔纳·德·朱西厄（1699—1777）为师，发表了一篇名为《论南瓜自然史》的文章。面对混乱的分类，例如，"绿草莓"就同时指麝香草莓、绿色草莓和弗吉尼亚草莓，他决定把草莓的名称稍微做个排序。

蛮荒世界的一点诗意

啊，草莓！
一位拉丁诗人让你在维纳斯
或是他的情人的乳房上成熟；
我喜欢你喜欢的地方，
在树荫下，
夜莺们尽情展现它们的柔情。

选自《野草莓》

皮埃尔·杜邦（1849年）

正如你所见，小杜申爱好草莓和葫芦科植物，他不光可以娴熟地使用耙子和锄头，还会与卡尔·冯·林奈进行科学争论。杜申是伟大的查尔斯·达尔文的前辈，他通过草莓的性别实验来质疑物种的不变性。现在，植物有性别之分可能尽人皆知，但在当时却并非如此。尽管创立植物性别器官分类的林奈承认这一点，但植物性别产生的机制依然是个谜。与林奈产生争论，是因为杜申在凡尔赛宫的菜园中发现了一棵草莓，上面的萼叶是单片而非三片。杜申在他的《自然史》中这样发问：

> 我在想，该如何看待它？这是一个新物种吗？……所以产生了新的形态：那是一个变种吗？……在其他种类里，有多少变种是被视作品种的？我面临这种抉择已经很长时间了……在我看来，在现有的观念中有一些东西需要纠正。但是混淆之所以产生，是因为不同作者在表述截然相反的观点时，使用了相同的词汇。

瞧，我们的小安托万·尼古拉的分析真是鞭辟入里！几句之后，他写下了这句革命性的话语，却彻底惹恼了林奈：

> 正是基于这样的观察，我得出了几条普遍性的结论：我们对物种的表述必须固定，不能有变化，而对于品种的描述要有变化，要具有轻微的差异性。一类要有稳定性，另一类要有可变性。

是的，你没看错，是"可变性"！不要去幻想巨型变异草莓的疯狂生长，这只是杜申的想法。虽然他当时年仅19岁，但已经博学多才（不要忘了当时还处在启蒙时代）。他堪称先驱，因为他认为物种不一定是一成不变的。而造物论的拥趸们，他们的大脑却只有智利草莓那么大。瞧！这个今天看来如此理所当然的想法也并非那么新鲜。

杜申把标本寄给了林奈，林奈从中发现了又一个单叶物种，将其拉丁学名定为*Fragaria monophylla*。当然，我们会原谅这位伟大的瑞典博物学家在判断上犯的小错误，况且他对年轻的杜申总是赞不绝口。

草莓不只是水果

如果你喜欢老派的词语，那下面就是弗雷齐耶的时代所使用的词汇，这个可怜人当时还不懂我们现在诸如lol、koi、:-）等这样丰富的表达方式。在那个年代，fraise（草莓）一词也指其他东西。比如，在钟表行业，fraise是指一种钻头，是钟表匠和其他艺匠用来加工的工具，可以插入螺丝头部的钻孔。在时装女商家那里（18世纪的女商人），fraise就是指贴有两三圈带子的皱领。在军事术语里，fraise是指一排外部的地面防御工事桩，一直建到路堤中间，桩尖对准敌方。而对于美食家来说，fraise也指屠宰场和餐饮业中使用的牛犊或羊羔的肠系膜（《法语大辞典》，第11卷，1770年）。

现代杂交品种不下600种

弗雷齐耶在南美洲海域经历了漂泊动荡的冒险，之后回到法国，受到了路易十四给予的一份小小的嘉奖。我们伟大的老太阳王是否知道他感谢的是一位在森林里采草莓的人！1719年，弗雷齐耶以工程师的身份回到法属圣多明各①，然后又到了德国，之后于1740年来到英国，担任防御工事主任。

他退休后定居在普卢加斯泰勒-达乌拉斯②，撰写建筑学著作。这些著作里充斥着新词汇，这让他遭到了一些批评。他生造了像"tomotechnie"或"ichnographie"这样让科学家们厌恶的词语。他还与一位名叫路易·弗耶（1660—1732）的植物学家闹翻了。如果说弗雷齐耶作为工程师比弗耶更加优秀的话，那么弗耶则比弗雷齐耶更胜任植物学家的角色。每个人都是术业有专攻。

但是，弗耶攻击弗雷齐耶主要是出于嫉妒，因为弗雷齐耶的书比他的书畅销！而且他是第一位到访智利的人，却没有把草莓带回来。弗耶还指责弗雷齐耶在经纬度记录上造假。若是弗雷齐耶要和弗耶一争高下的话，那精彩程度肯定可以和总统竞选辩论媲美！弗耶在一部作品中对弗雷齐耶极尽讽刺挖苦之辞：四十多页的序言洋洋洒洒，文采斐然，但字里行间充满了敌意，写满了对他的批评！

---

① 法属圣多明各即现在的海地。
② 普卢加斯泰勒-达乌拉斯是法国西部一个海滨小镇，属于布雷斯特区菲尼斯泰尔省。

未来草莓

它必须饱满可口，鲜艳动人，能够抵御疾病。我谈论的不是一位电视真人秀明星，而是未来的草莓。研究人员和种植者正忙着研发高质量的新品种，通过多种测试来测验杂交品种的特性。

日本人也在研发未来的草莓，为了给狗制作药品！北海道有一家工厂生产转基因草莓，其中植入了犬干扰素。当狗的身体受到细菌或病毒攻击时，就会产生这种蛋白质，从而对免疫系统产生作用。转基因草莓可以有效治疗犬牙周病。药物不会做成蛋挞或是果酱吐司，而是以药片的形式面市。

我们的海盗植物学家活到91岁去世，在当时真算是长寿的了。草莓让普卢加斯泰勒–达乌拉斯变得富裕起来，还被出口到伦敦，在那里大受欢迎。

多肉小水果的冒险之旅还远未结束。在我们的市场里总能见到它的身影。这是由于"克隆草莓"的爆发！草莓繁殖的主要方式是匍匐茎繁殖，匍匐茎是一种蔓茎。这种繁殖方式属于无性繁殖，所以就长出了"克隆草莓"。

现在草莓有大约20个自然种，杂交品种不少于600种。每种草莓的名字都让人浮想联翩。有可爱型的，如"西弗洛雷特""法韦特"；有优雅型的，如"山谷女王"；有时尚型的，如"马斯特罗"；有让你颤抖的加州女人型的，如

"圣安德烈亚斯"。一些古老的品种还带有让人心生好感的贵族姓氏，如"埃里卡尔·德·蒂里子爵夫人"，如果做成甜点真是不错。"来品尝几个'埃里卡尔·德·蒂里子爵夫人'，我们晚餐就结束啦。"你也可以品尝"美好的四季"：维瓦尔第。显然更好！

至于智利白草莓，也就是弗雷齐耶的白草莓，时隔300年它再次出现在我们的视野中。我们可以向几位饱含热情的农业工作者致敬，因为他们在2003年用实际行动让它再次流行起来。今天，它重新受到关注，即便它的价格非常昂贵。但它确实是稀有品种！如果你觉得草莓应该是红色的，认为眼前这个奇怪的水果肯定是由于基因改变而变得通体发白，那么请你放心，这肯定是历经百年依然明艳动人的智利白草莓又回来了！

3

东方史诗

中国牡丹的摇滚之旅

约瑟夫·洛克是一名性格古怪、喜爱冒险的植物学家，他曾担任《国家地理》杂志的记者，也是一名中国通。1925年，他在一座寺院里发现了一株雍容华贵的灌木牡丹。也许时至今日，牡丹还在你的花园里盛开。这株漂亮的植物一直在激发着植物学界的夏洛克·福尔摩斯们的兴趣。

⊙ 紫斑牡丹

厚颜无耻的非典型植物猎人发现了一种花朵，开启了这种花朵的非凡之旅；他在世界之巅山脚下的花园里发现了一种牡丹，这开创了牡丹的史诗。看到这样的开场白，大家差不多就在期待一个童话故事了。但是，这段风云激荡的故事更像是一部有关植物学史的侦探小说。这是中国历史中笔墨飞扬的一段秘史，也是植物学家们的分歧所在。

这让你兴致盎然，是吗？我将要讲述的这种花，大家都认识。它就是牡丹，是我们花园中的常用花卉，有时我们反而忘了其中某些品种其实来自远方。在牡丹已知的40多个品种中，只有13种源自欧洲，而所有的灌木牡丹都来自亚洲。无论在古希腊还是在罗马帝国，在中国还是在日本，牡丹都具有悠久的历史，而且频频出现在神话传说中。据说，牡丹是由太阳神阿波罗的母亲勒托带来的。

牡丹：真正的中国明星

让我们立足现在，简单回顾一下牡丹的历史，之后再一起去追溯这种拉丁学名为*Paeonia suffruticosa* subsp. *Rockii*的花朵的奇遇。如果这种植物野蛮的拉丁名吓到你了，那请记住阿方斯·卡尔的一句名言："所谓植物学，就是一种在纸张之间烘干植物，然后用希腊语和拉丁语侮辱它们的艺术。"

"牡丹"（Pivoine）一词源自"派埃昂"（Péon），派埃昂是古希腊最古老的医神之一。希腊人的确把牡丹当作药用植物。希波克拉底（著名的《医师誓言》的作者）把它用于治疗女性疾病的药方之中："取三四粒黑色或红色的牡丹花种，捣碎后放入酒中服用，有助于月经来潮，稳定月经周期。"

1833年出版的《医疗事项与普通治疗通用辞典》中也提到了以前的医生写的医嘱：

没有一种植物出名早于牡丹。一代代希腊医学之父如泰奥夫拉斯特、希波克拉底、迪奥科里斯，以及老普林尼等人，他们均论及牡丹，而且写明了牡丹唯一可用的部分——牡丹根皮在收割时的注意事项。这些事项很具体也很怪诞，颇有迷信色彩，我们不便在此多说。他们把牡丹视作饱受月光照耀的神性植物，觉得它很适合用来驱邪，可以抵御风浪、保障收成，等等。他们相信它是漫漫黑夜中的一盏明灯。

牡丹的分类①

牡丹的分类很复杂，而且存在争议。通常有两个分类系统。

捷克植物学家约瑟夫·哈尔达（2004年）把芍药属植物分为3组，包含25个野生品种：

● 牡丹组，包含灌木牡丹（约8个品种），洛克发现的牡丹即属于此组；

● 北美芍药组，包含两个北美品种，加州野芍药和布朗芍药；

● 芍药组，包含约22个草本品种。

中国研究员洪德元和他的同事们在1993年、1998年和2003年相继做过几次植物学修订工作，他们把牡丹分为两组：

● 8种灌木牡丹；

● 32个草本品种。

在中国，牡丹是真正的明星，距今已有3000多年的历史。它被称为"芍药"，含有"最美"之意，曾经作为"花中之王"被栽培。②隋炀帝时期，牡丹种植在皇家西苑之中。牡丹花的售价可以达到令人咋舌的地步，比如一朵

---

① 在法语中，牡丹是pivoine，芍药是pivoine de Chine（直译为"中国牡丹"），有时也简称为pivoine，故本章中的牡丹也包含了芍药。

② 在我国，"花中之王"特指牡丹，不包括芍药。

花的价格可以相当于100盎司（约3公斤）黄金。1086年，中国园艺师开始关注牡丹的观赏性。1596年，中国各地的园艺师已经培育出30多个牡丹品种。现在牡丹共有40多个品种，有的是木本，有的是草本。[①]

怀揣假植物学文凭的天才

现在我们一起来关注一种灌木牡丹，它的身上有神奇的故事，与一位拥有精彩人生的人物有关。这个人是位冒险家，名字略带摇滚风，叫约瑟夫·洛克（1884—1962）。他的学识极其渊博，其个人简历也与众不同。他是植物学家、探险家、地理学家、摄影师和语言学家，堪称全才！而且他还有张假的植物学文凭，不过这只是我们之间的秘密哦。

让我们从头讲起。约瑟夫–弗朗兹·洛克出生于维也纳，后来移居美国，改名为约瑟夫·洛克。他的父亲是位看门人，但可不是为普通人家看门，而是为非常富有的波兰贵族波托斯基伯爵家看门。儿童时期的洛克非常聪明，反应灵敏。有一天，他从伯爵书房里偷拿了一本教授中文的书！今天的孩子们在自己的平板电脑上埋头玩乐，洛克则是每天晚上悄悄地学着这门难学的语言（你可以让你的孩子们试

————————

① 牡丹是木本植物，芍药是草本植物。

试……）。他可不是随随便便地消磨时间：他一成年就出版了自己撰写的中文课本！

由于中文学得轻而易举，年轻的洛克便同时学习匈牙利语、阿拉伯语（他和波托斯基伯爵一起去埃及旅行时，花了一个月时间学的）、希伯来语、拉丁语和希腊语。他能成为著名的语言学家也就不足为奇了。他的父亲希望他当一名牧师，但洛克还有其他的野心……比起教堂、祷告和圣餐杯，他更喜欢罗勒、花萼和繁花似锦。经历了几次离家出走，最后一次他再也没有回来。他先在欧洲旅行，然后登上了一艘开往纽约的客轮，相继在得克萨斯州和加利福尼亚州逗留过，之后去了夏威夷。不要觉得他是在酣畅淋漓地弹着夏威夷四弦琴，或是像汤姆·塞立克扮演的《夏威夷神探》①的主角一样，穿着夏威夷花衬衫四处晃荡！洛克其实在玩命工作，后来被大学招募为植物学教授。由于对应聘一窍不通，他采取了一种并不值得称道的办法：制作一张假文凭。他对夏威夷植物学充满热爱，便理所当然地成了这一学科的大专家。他在这个美国海岛上度过了13个年头，为自己的植物标本册收集的植物样本不少于29000株。好吧，我们承认这确实让人心生敬意……他还写了29篇文章和两本夏威夷植物学专著，最终获得了"夏威夷植物学之父"的美誉。

---

① 《夏威夷神探》是1980年代一部犯罪题材的美国电视剧，由汤姆·塞立克主演。

⊙ 1922年，发现大风子之后，约瑟夫·洛克拍摄的
阿萨姆森林中的米什米部落成员。

之后，洛克踏上了新的探险征程，前往泰国和缅甸，寻找大风子树。这种树非常特别，可以治疗麻风病。他在《国家地理》杂志上发表了一篇讲述他的"觅树之旅"的文章。

1921年，洛克前往中国，在这个国家书写了一段伟大的爱情故事。他在美丽的云南山区定居。洛克酷爱冒险：他待的地方并不太平，到处都有强盗！而且那会儿外国人也不太受中国人待见。他也到过果洛地区①，当时这一地区正处在叛乱之中。他在途中遇到了一个身材高大、衣衫褴褛的女

① 现为果洛藏族自治州，是青海省辖自治州，位于中国青海省的东南部。

人。这个女人名叫亚历山德拉·大卫·尼尔，以前唱过歌剧，当时正背着一口锅步行！他们很快就热络起来，此后两人一生都保持通信。

到访西藏的首位欧洲女性

亚历山德拉·大卫·尼尔（1868—1969），伟大的旅行家、东方学家和作家，也是女性主义者和无政府主义者。她化装成乞丐和僧侣，是第一位悄悄到访西藏并在拉萨居住过的欧洲女性。1923年，她相继在云南丽江和四川资中的寺庙遇到过约瑟夫·洛克。她在给丈夫的一封信中写道："他的到来让我放缓了脚步，因为我不想比他早走，免得听到和他一起旅行的尴尬提议。"

洛克在山上采集植物标本，发现并收集了诸如杜鹃花之类的众多植物。所有这些都是因为他渴望环游世界，而且一直走到了海角天涯。当然，旅行得有一定的舒适感。他肯定会质疑趣岳①背包，还有那个拿出来后可以自动打开的小帐篷。洛克带的东西很不寻常：一台留声机，几张歌剧唱片，几瓶上好的葡萄酒（我向你保证，这几瓶酒来自波尔多），一些雪茄烟，一些书（差不多有500本，几乎是一个图书

---

① 趣岳（Quechua）是欧洲最大的运动产品连锁商店法国迪卡侬旗下的品牌。

馆），高性能露营装备，甚至还有一个充气浴缸。他还带上了自己的私人厨师，负责给他做奥地利菜，并且要用瓷质餐具装盘。这个男人真是雍容优雅，富有远见卓识！该死的洛克，花花公子式的冒险家！不过，他的一生是战斗的一生，你设身处地为他想一想：他其实从未在真正的豪宅里享受过奢侈的生活。

⊙ 约瑟夫·洛克

想象一下，要带上所有这些，那上路的人就不止他一人，但又得像亚历山德拉·大卫·尼尔一样隐藏身份。他带领一支队伍，有骡子、牦牛、马、骆驼、搬运工和武装士兵……当然，他还带着步枪和弹药。总得以防万一！既然带了这么多，就很难不被发现。到处都有强盗土匪，所以也要做好相应的防范准备。但洛克并不惧怕，他有拳王洛奇[①]的气

---

① 拳王洛奇是美国演员西尔维斯特·史泰龙自编自导的系列电影《洛奇》中的男主角。

质，是个强人。他极其聪明，酷爱冒险，而且性格古怪，善于幻想，精明强干。不要以为他就只会在充气浴缸里玩玩水、听听莫扎特。他从探险的行程中带回了几十万个植物标本，以及上万种植物的种子和图片。他勘探过中国的原始区域，编辑了第一本纳西族（当地的一个少数民族）字典，担任过《国家地理》杂志的通讯记者，并以摄影师和探险家的身份为哈佛大学阿诺德植物园工作过。1924年回到波士顿后，他与时任植物园园长的萨金特教授进行会谈，再次获得了为期三年的探险任务。他得到了相当可观的任务费，用于勘探阿尼玛卿雪山①。值得一提的是，他在两年前遇到了佩雷拉将军，后者是亚历山德拉·大卫·尼尔的另一位伙伴，亚历山德拉将其描绘为"富有魅力，在他的国家属于上流社会；是一名地理学家、学者和不知疲倦的环球旅行者"。佩雷拉跟洛克谈过阿尼玛卿雪山，说它是一座非常高的山峰。于是，我们的植物学家脑中从此只有一个念头：去那里。

罗伯特·福钧的牡丹花

又是我们的间谍植物学家！除了茶以外，福钧还从中国带回了二十多个美丽的牡丹品种。

福钧在1851年至1852年出版的《欧洲温室与花园

① 阿尼玛卿雪山是藏族"四大神山"之一，位于青海省东南部的果洛藏族自治州玛沁县雪山乡。该山地处黄河源头，为黄河源头最高山峰。

植物志》上发表了一篇文章，讲述了种植牡丹的方法："种植牡丹的地方很多，但面积极小，看上去像我们乡间小屋的花园，而且都以相同的方式照看，也就是说，由所有家族成员共同料理：女人们出的力和男人们是一样的。她们都很小气，极其贪财。"好吧，福钧想必不会参加妇女解放运动组织……

在旅程中，洛克结识了各色人等，有国王、王子，还有强盗。他与当地人结下了友谊，当地人也戏称他为"洛博士"。他的笔记本甚至引起了美国中央情报局的兴趣，因为里面记载了许多实用信息，比如罗盘读数和海拔高度。他真的是出类拔萃，也是我的"偶像"之一。如果我还是少女，我一定会把房间墙上贴的摇滚歌星的海报换成他的招贴画！

拯救鱼类的牡丹

牡丹一直是众多学科研究的对象。首先是遗传学。不同物种与其品种（一种植物的各种栽培品种）之间的关系往往是个难题。在生物化学领域也是如此。2016年，几位中国科研人员研究了由人体所必需的基本脂肪酸组成的灌木牡丹种子的成分。他们发现在这些种子里，$\omega-3$ 脂肪酸与 $\omega-6$ 脂肪酸之间的比例非常完美。大多数牡丹，特别是紫斑牡丹，富含 $\alpha-$ 亚麻酸，这种重要的化合物主要存在于鱼肉里。那牡丹也能用来保护海洋生物了？

需要说明的是，洛克确实比《阁兰大冒险者》①或是《北京快车》②里的伪英雄要有趣得多。他博学多才，造诣精深，是一名真正的"印第安纳·琼斯③"，一名探路发现者！首先，他拯救了非常珍贵的手抄本佛经，还拯救了一种牡丹。

在前往甘肃的行程中，他住在靠近西藏东部的一所偏僻的喇嘛庙里，那里真是探索周边地区的完美大本营。1925年，他结识了甘肃卓尼土司杨积庆。杨土司把洛克置于他的保护之下，让洛克住了下来。植物学家在此处住了两年，这里很方便他开展采集标本的工作，是个极其理想的出发地。他在《国家地理》杂志上报道了他的历险经历，讲述了他被700名僧侣团团围住的感受（谈论佛教时很少谈及这样的细节）！

洛克得到了一些藏文古籍：317卷《甘珠尔》④和《丹珠尔》⑤。他把这些典籍运往久负盛名的华盛顿美国国会图书馆，扩充了藏品稀少的西藏主题馆。这趟运送就是一次远行：骡

① 《阁兰大冒险者》是一个电视真人秀节目，2001年于法国电视一台开播。"阁兰大"一名源自泰国阁兰大岛。
② 《北京快车》是一个比赛节目，2006年于法国电视6台开播。
③ 印第安纳·琼斯是探险寻宝电影《夺宝奇兵》的男主角，一位博学多才的探险家。
④ 《甘珠尔》是藏文大藏经的一部分，是佛陀所说教法之总集。甘珠尔的意思是教敕译典，与《丹珠尔》相对。
⑤ 《丹珠尔》是藏文大藏经的一部分，意思是论述译典。"丹"意谓论，"珠尔"则谓翻译。其内容包含诸论师之教语、注释书、密教仪轨、记传、语言、文字等《甘珠尔》所未曾网罗者。

队驮了整整96箱货品。经过18天的长途跋涉，货箱到达陕西西府，滞留邮局达6个月之久。这并不是因为罢工问题（这里不是法国……），而是因为城里兵荒马乱，动荡不安。邮递员被杀，货箱也被洗劫一空。幸运的是，盗匪没有意识到这些古老的藏文卷宗的价值……邮递员的事还是令人遗憾。洛克是否意识到自己拯救了宝藏？几年之后，他住过的喇嘛庙发生火灾，被焚为灰烬。除此以外，洛克还亲历了其他一些恐怖事件。

野生牡丹还是杂交牡丹，这真是个问题

让我们回溯一则植物学的故事。在海拔2788米的喇嘛庙的露台上，一朵艳丽的灌木牡丹进入了洛克的眼帘。这朵牡丹花瓣雪白，花瓣基部有紫斑，花单生枝顶。他收集了这种牡丹的种子。事情就此变得复杂起来，引发了一场巨大的争议，其结果仍未可知。

洛克可能在1938年给弗雷德里克·斯特恩（一名研究牡丹的大专家，于1946年出版了一部关于牡丹的学术专著）写过一封信。在信里，他说自己在土司宅邸的院子里发现了一种牡丹，他称之为紫斑牡丹，并采集了这种牡丹的种子。而有些作者指出，正是卓尼土司本人送给他一小包种子的。这就搞不清楚了！

之后，在哈佛大学阿诺德植物园里并没有找到样本记

录。为何会有这种缺失？也许仅仅是因为植物园负责人萨金特教授认为它只是一个园艺品种，没有学术研究价值。

所以，关键在于弄清这株牡丹究竟是被移植到土司宅邸花园里的新的野生品种，还是甘肃牡丹的一个杂交品种。

花花公子式的植物学家发现了神秘牡丹的几条线索

在搜寻线索时，有人发现了洛克随信寄给斯特恩的一张照片。这是一张土司宅邸花园的黑白照片，摄于1925年5月18日。但照片不是很清晰。要知道这照片可不是用苹果手机或是佳能EOS 5D单反相机拍摄的。不过从照片上还是能看到一株灌木牡丹，很可能就是紫斑牡丹。总之，在写给斯特恩的信里，洛克明确表示这是一个野生品种。喇嘛们可能告诉他，这种牡丹来自甘肃地区，但确切地点并不清楚。直到1990年，两位植物学家，斯蒂芬·乔治·霍和吕西安·安德烈·劳埃纳才将其命名为紫斑牡丹，列入牡丹的亚种。同时，两人认为它是野生牡丹。但其他植物学家并不同意，他们觉得它更像是杂交品种。众所周知，中国人培育牡丹有数百年的历史①，所以有这个想法也不足为奇。

采集种子的是洛克自己吗？这是我们最初的想法。但是

———————

① 据《太平御览》等中国史料记载，牡丹在中国的栽培始于南北朝时期，距今已有约1500年历史。

样本上标注的日期是1925年10月。而且我们知道洛克当时外出了好几个月，确切地说，是从8月13日到12月3日，所以他自己肯定无法采集种子。不过我们也知道，他的几位纳西族朋友在为他采集种子。

为了推进植物学研究，我们知道洛克（或是他的朋友们）采集的种子也被送往英国、德国、瑞典、加拿大等国的植物园。不过，还是缺乏证据证明这些种子的确切来源。为了明白其中的缘由，我们需要一位真正的植物学福尔摩斯。

这一谜团，连同洛克本人的生活，已经成为传说。我们无法明辨真伪。总之，现在有许多种紫斑牡丹，大多数植物学家均将其归为牡丹亚种，属于灌木牡丹组。这是一项涉及7个种群的真正游戏！还挺复杂。

牡丹可以去皱

芍药这一"中国牡丹"的药用特性引起了科学家们的关注。在中韩两国，芍药是中药方剂升麻葛根汤①的主要原料，入药的部分是根部，称为芍药根。

最新研究表明，这种传统配方的提取物显著抑制了金属蛋白酶-I（MMP-1）的生成，促进了前胶原的合成（胶原蛋白的前体，是保持皮肤弹性的蛋白质）。啊，这是鲜花的力量！

---

① 升麻葛根汤出自《太平惠民和剂局方》，主要成分有升麻、芍药、炙甘草、葛根，主治麻疹、水痘、腹泻等。

小说与电影中的英雄

洛克的余生依然动荡不安。他是一个行为举止略显夸张的老顽童。有时他假装失踪，有时他谎报阿尼玛卿雪山的海拔高度，声称自己看到它的一座山峰比珠穆朗玛峰还高。但这座山峰其实只有6282米（比8848米[①]高的世界屋脊最高峰还差得很远）。

洛克的性格存在缺陷，他最后与许多人都闹得不愉快。他时而热情，时而沮丧，不时会做出匪夷所思的事情。1941年，当他错过了返回夏威夷的飞机时，他变得怒不可遏。但是，塞翁失马，焉知非福，他也因此躲过了"偷袭珍珠港"事件，与死神擦肩而过。1949年，他最终离开了中国。

1962年，他在夏威夷逝世。他传奇的一生完全可以写成一部小说！伊雷娜·弗兰完成了这项任务。她受到洛克传记的启发，写了一部名为《女人国》的小说。

洛克的声名与牡丹紧密相连，他也是畅销书《消失的地平线》中康维一角的原型。这部小说的作者是詹姆斯·希尔顿，1937年法兰克·卡普拉将这部作品改编成同名电影。洛克发表在《国家地理》杂志上的文章造就了香格里拉的传说：一处宛若天堂的偏僻山谷，那里的居民可以长生不老。

---

① 珠穆朗玛峰雪盖高（总高）是8848米，岩面高（裸高）是8844.43米。

不过也可以想象一下，洛克可能还活着，和猫王一起隐居在那儿……

又一位植物学界的詹姆斯·邦德

若要谈论牡丹，就一定会提到大名鼎鼎的彼得·史密瑟斯爵士（1913—2006）。他是灌木牡丹杂交培育专家，也是一名货真价实的间谍。他是举世闻名的园艺家，也是一名外交家和政治家。伊恩·弗莱明①从他的生活中汲取灵感，丰富了詹姆斯·邦德这一角色。第二次世界大战期间，两人在巴黎见过面，弗莱明给他在海军情报部门找了份工作，甚至送给他一支笔形手枪。

此外，"詹姆斯·邦德系列"的作者指出，史密瑟斯的妻子拥有一台金色打字机，他把这个细节加到了自己的小说《007之金手指》中。读者们会惊讶地发现，这部小说里有个人物就叫史密瑟斯！

① 伊恩·弗莱明（1908—1964），英国小说家、特工，1953年根据自己的间谍经历创作了"詹姆斯·邦德系列"的第一部作品《007之大战皇家赌场》。

兴衰际遇

一种作为"灵丹妙药"的加拿大根茎类植物

众所周知，亚洲人参的功效大概有1000种之多。不过在300年前，有人发现了一种美洲人参，极受人们追捧。让我们一起跟随它的故事回到加拿大，认识一位名叫米歇尔·萨拉赞的著名外科医生兼植物学家。

⊙ 西洋参

它有壮阳药的美誉，很受中国人的喜爱，不过它并不是唯一有壮阳功能的植物。此外，这种植物经常与传统中医联系在一起，很少有人知道它在加拿大也被发现了，并且它的历史充满了曲折。本章的主角就是人参。鉴于它的历险并非独自完成，我们接下来还会遇到一些彪悍的人物：一位喜欢海狸和食肉植物的外科医生，几位大胆勇敢的耶稣会士，前者在魁北克，后者则在中国。

一切都始于大西洋，始于一个既听不到歌曲《我会回到蒙特利尔》，也听不到席琳·迪翁歌声的年代！当时的魁北克还不叫魁北克，而是叫"新法兰西①"。不管怎样，我们可能会听到土里土气的魁北克法语。

在17世纪末，加拿大依然是一个遥远的野蛮国度，而在法国殖民地生活的只有区区15000人，其中就有我们的主角植物学家米歇尔·萨拉赞（1659—1734），不过他对"萨拉

① 新法兰西是历史上北美洲法属殖民地的总称，北起哈得孙湾，南至墨西哥湾，包含圣罗伦斯河及密西西比河流域，后划分成加拿大、阿卡迪亚、纽芬兰岛、哈得孙湾、路易斯安那五个区域。

赞"（荞麦①）可一点也不感兴趣。在发现新的人参品种之前，这位科学家的生活可谓波澜壮阔……

踏上新法兰西征程的外科理发医生

1659年9月5日，米歇尔·萨拉赞在法国勃艮第出生，是一名"夜村人"。如此称呼与懒惰无关，只是因为他来自迷人的"夜苏博姆村"，后改名为"夜圣乔治村"。但我们的这位主角几乎没有时间品尝美酒②，因为1685年他便离开法国前往新世界，去当一名海军外科医生。他登上"勤奋号"，沿途与新法兰西总督德农维尔侯爵的女儿相谈甚欢。但浪漫的时光总是短暂的：两个年轻人来自不同的社会阶层，而且小伙子也不是侯爵女儿的妈妈所欣赏的类型。很遗憾，这方面也没有什么料可向你报的了……

医学在殖民地占有重要的地位，医院由宗教团体管理。萨拉赞充当着罗斯医生的角色（《急诊室的故事》③里的著名医生）：他为士兵和军官包扎伤口，十分受人尊敬。

---

① 在法语中"荞麦"（sarrasin）与"萨拉赞"（Sarrazin）同音。
② 勃艮第是法国著名的葡萄酒产区。
③ 《急诊室的故事》是1994年至2009年播出的美国电视连续剧，讲述了发生在美国芝加哥一家急诊室里的故事。该剧荣获多项大奖并屡创收视佳绩，乔治·克鲁尼在剧中扮演罗斯医生。

⊙ 米歇尔·萨拉赞画像，由路易十四的皇室画家皮埃尔·米涅尔绘制。不过有人认为这是另一位米歇尔·萨拉赞。

要知道，当时的医学和外科学是完全不同的两门学科。当一名外科医生是"很糟糕的工作"，而医生则是"科学家"。外科医生的工作与理发师有关：他不光要帮忙抽血，还要剃头发、刮胡子！萨拉赞很快就在同事中脱颖而出。需要说明的是，当时的医学界充斥着大量形形色色的假医、庸医和江湖郎中。

德农维尔侯爵很快就注意到了萨拉赞的才能，正式任命他为部队的外科医生。侯爵带着他参加与易洛魁联盟[①]军队的战争。易洛魁联盟人民以露天睡觉著称，他们被称为

---

① 易洛魁联盟是美国东北部和加拿大东部最强大的原住民势力。这个印第安人联盟在17世纪末达到巅峰，缔造了很多成就。

塞内卡人、反对加拿大的垦荒者。在他收治的伤员当中，有1690年魁北克战役的幸存者，还有在战斗中负伤的士官和平民！

哈利·波特式的秘方

萨拉赞的工作似乎已经远远超过了一名简单的"外科理发医生"。他起草了一份重要文件，题为《1693年加拿大皇家派遣部队所需药物备忘录》，上面列有当时医疗救治中使用的植物和物品：盐水橡栗、精选大黄、普通蜂蜜、绿茴香、红罂粟糖浆、艾草油、乳香胶、秘鲁香脂、长马兜铃、裂榄树皮、劳丹酊、矿物晶体、龙血、普罗万玫瑰液、石榴糖浆、草木犀药膏、威尼斯松脂、勃艮第豌豆、硫黄，等等。这些东西的名字可能会让我们联想到哈利·波特魔法世界里的神奇配方。

在第一次前往加拿大期间，萨拉赞结识了皇家水文学家和制图师让-巴蒂斯特·富兰克林。让-巴蒂斯特是殖民地最伟大的科学家之一，他几乎是独自一人完成了美洲法属殖民地的地图绘制工作。萨拉赞为是否进入部队工作犹豫不决，不过他很快放弃了这个奇怪的想法，于1694年回到法国。他意识到自己的受教育程度不够，所以花了三年时间学医，这三年也恰好是医学发展史上的关键时期。18世纪曙光初露，医学发展突飞猛进，并且有了令人惊讶的新发现：血液是在血管里流动的！萨拉赞观看了《无病呻吟》的演出，细细品味着莫里哀在剧中讽刺的当时流行的三种医疗手段：灌肠、放血和催泻。

萨拉赞起先想去索邦大学学习，但那里的学生素有"医痴"之称，他们戴着可笑的假发，穿着紫色长袍，开口就讲拉丁语，最后他只能一逃了之。他更想跟着身为御医兼植物学家的居伊·法贡（1638—1718）学习。之后，他结识了17世纪最伟大的植物学家约瑟夫·皮顿·德·图内福尔（1656—1708），这场相识具有决定性的意义。约瑟夫依据对花冠和果实品种的观察和研究，建立了新的植物分类系统，让人耳目一新。萨拉赞跟着他学习研究植物，最后于1697年在法国兰斯通过了论文答辩。

在尚皮尼总督的坚决要求下，萨拉赞于1697年乘坐"纪龙德河号"回到新法兰西。总督无需耗费时间做他的思想工作，因为萨拉赞爱上了这片美丽的土地！现在他头顶"御医"的光环，很快便将自己的才能付诸实践：在船上，他直面"皮肤发紫"的流行病[1]。从在纽芬兰岛停靠的第一站开

---

① 这里指的是坏血病，也称为维生素C缺乏症。坏血病在历史上曾是严重威胁人类健康的一种疾病。过去几百年间曾在海员、探险家及军队中广为流行，特别是在远航海员中尤为严重。在长期的航海活动中，船上不可能长时间储存新鲜水果和蔬菜，因此海员们会很快患上维生素C缺乏症。

始，他展开了植物采集工作。抵达魁北克后，他治疗了多种流行病：流感、天花和黄热病。他医治了很多病毒感染，却难以抵挡植物学和动物学对他的"感染"。后来，成立于1666年、位于巴黎的法兰西皇家科学院授予他"通讯院士"的称号。路易十四非常重视科学，皇家科学院旗下汇集了众多名家，因此萨拉赞得以和当时最伟大的科学家切磋交流：艾萨克·牛顿、贝尔纳·勒·博弈尔·德·丰特奈尔，特别是动物学领域的专家勒内·安托万·费尔绍·德·雷奥米尔，以及植物学领域的专家约瑟夫·皮顿·德·图内福尔和塞巴斯蒂安·瓦昂。堪称梦之队！

发现一种食肉植物

在行医的过程中，萨拉赞成了一名才华横溢（但不一定很勇猛）的博物学家。他在一封信里这样写道：

在加拿大采集植物的方式与在法国不同。我跑遍了整个欧洲，行程舒适，危险很少。相形之下，我在加拿大要跑上百里之远，行程更艰难。

我们的萨拉赞是不是有点夸大其词了？当然，他肯定不是在地中海俱乐部①。不过要是把他派到圭亚那丛林或

---

① 地中海俱乐部是一家主要经营度假村业务的大型跨国企业，1995年于法国巴黎成为上市公司。

是一个字都听不懂的中国内陆地区，那他就不太会抱怨加拿大的条件了！难道他担心魁北克臭虫会像蚊子一样咬人吗？

有一天，萨拉赞在蹚着沼泽采集植物的时候，发现了一株形态奇异的新植物。它紫色的叶子形似号角，上面覆有茸毛。在号角底部，死去的昆虫漂浮在黏稠的液体上。它长着漂亮的红绿色花朵，宛若倒置的雨伞。植物学家被这株植物色彩鲜艳的花朵和外观奇特的叶子所吸引，但他并不知道面前是一位"植物界的杀手"，它可以捕捉动物有机体并生吃它们！他采集了这种神秘的植物并把它寄回法国，它于是成为让大人和小孩都流连忘返的植物展品之一：食肉植物。

他的朋友图内福尔为了纪念他，用他的名字来命名这种植物的拉丁学名：*Sarracenia purpurea*（紫瓶子草）。提示一下，当时是1698年，直到差不多两个世纪以后，达尔文才提出某些植物具有捕食昆虫的能力，所以萨拉赞灵敏的脑袋里没有冒出过这样的想法也并不奇怪。不过，他已经把叶子比作"嘴巴"，提到了"它的嘴唇"，并说它的外观像"印度母鸡的鸡毛"（好吧，你看过印度母鸡的鸡毛吗？）。另外，这种植物对印度人来说并不陌生，他们称它是"癞蛤蟆草"或是"猪耳朵草"。

⊙ 米歇尔·萨拉赞发现的紫瓶子草。

　　萨拉赞继续从事着植物学研究工作，他准备花20年时间完成《加拿大植物目录》。他定期向他的法国同事们发送标本、报告和论文。通常情况下，他根据在加拿大实施的治疗完成样本描述。比如，他提到"加拿大当归"时这样说道："它比毒芹更糟糕，会让人痉挛并致人死亡。"萨拉赞说自己见过三个人因此死亡，其中一位认为自己吃的是香芹根，结果不到一个半小时就死了。他明确指出："那些生吃它的人都会陷入可怕的抽搐。那些把它煮熟后吃的人都会陷入昏睡状态。"所以最好把它煮熟后吃。好吧，最好一点都不吃！在采集植物的过程中，他还发现了一类植物，他称之为"楤木属"植物。这类植物在加拿大森林里很常见。医生依据药性拿其中一种植物入药，煎煮其根部熬成汤药，一名水肿患者服用后痊愈了。他把另一种植物制成膏药，治好

了久治不愈的溃疡。让他万万没有想到的是，这些植物其实与未来的植物明星——人参有关。

糖枫、河狸和散发"香气"的野兽

萨拉赞的故事还与另一种神秘植物有关：糖枫。有些人认为是他发现了糖枫，但真实情况极有可能是他只是糖枫的研究者。没有人知道我们的植物学家是否喜欢枫糖浆煎饼，但无论如何，我们要感谢他向我们传递了知识，让我们了解了彰显加拿大身份的伟大象征！而这一切并不光与植物有关。

事实上，萨拉赞还是一名动物学家。他观察过加拿大非常有名的一个物种：美洲河狸。他观察河狸的距离很近，非常近——他凭借自己外科医生的技术解剖过河狸……他还抱怨过缺乏工具（瞧，这个问题由来已久……），甚至连放大镜也要靠借——而这是生物学家最有用的工具之一。

1700年10月，萨拉赞把自己对美洲河狸的研究成果运回法国，之后图内福尔在法兰西科学院进行了介绍。他也关注过貂熊（又称狼獾）。几年以后，伟大的博物学家勒内·安托万·费尔绍·德·雷奥米尔（1683—1757）汇报了萨拉赞写的有关麝鼠的详细报告。他指出，这项工作并不容易，因为麝鼠散发的味道令人作呕：

他为这项最新的工作所付出的代价超出人们的想象，

很少有大脑可以经受得住如此强烈且持续的麝香气味。萨拉赞先生两次陷入了这样的绝境，这种气味穿透力极强，一直侵入到他的大脑里。我们的身边很少有解剖学专家。如果要面临同样的情境，我们就不会抱怨了。

动物学家的生活真是艰苦，而且还要为此倾注自己的时间和精力！与此同时，我们的植物学家继续着他在加拿大自然环境中的探索工作，密切关注着他的植物群落。在采集植物标本的这段时间里，有一天他碰到了一种植物，这种植物后来轰动了全欧洲。我们终于讲到这里了！

包治百病的植物

1704年，当萨拉赞在枫树林里采集植物标本时，他突然看到了一种陌生的草本植物。它的叶子部分由五片小叶组成，长有一簇红色的果实，其根部非常特别，让人想到人的腿部！易洛魁人把这种植物称为"加仑特"（garent-oguen）或"大腿"（cuisse-jambe）。萨拉赞把他的发现命名为 *Aralia humilis fructu majore*，后来改名为"西洋参"（拉丁学名：*Panax quinquefolius*）。这种生机盎然、根部芬芳的植物正是加拿大人参。

这一发现催生了一场声势浩大的商业探险运动，也引发了一场让当时的植物学家们激动不已的科学争论。而且令人惊讶的是，这种植物成了连接易洛魁人和中国人的纽带！故事的一方始于中国。根据1711年一位耶稣会传教士的描述，中国人食用人参已有数千年的历史。法国传教士杜德美神甫受康熙皇帝委派，负责绘制鞑靼利亚①地区的地图。在此期间，他注意到有种植物的根部具有保健攻效，并以"致印度和中国传教会总会长的信"为题做了详细报告。他在信里描述了这种植物及其药用特性，甚至还介绍了它在中国的经济影响力。

1713年，这封信发表在《耶稣会士书信集》中。信的开头部分这样写道：

我们奉中国皇帝之命绘制鞑靼地图，这让我们有幸目睹闻名遐迩的植物——人参，它在中国备受推崇，但在欧洲却鲜为人知。1709年7月底，我们到达一个村庄，那里距朝鲜王国不到4里②，村里住着我们称为"卡卡塔兹"的鞑靼人。有个鞑靼人在邻近的山上找到了4根完整的人参，放在篮子里替我们拿了回来。

几行之后，他记述了这种植物的特性，正是这些特性让它在中国受到推崇：

---

① 鞑靼利亚是中世纪至20世纪初欧洲人对于中亚的里海至东北亚鞑靼海峡一带的称呼，尤指蒙古帝国没落后泛突厥人和蒙古人等游牧民族散居的区域，在当时的语境下包括中亚诸汗国、天山南北路、突厥诸部、蒙古诸部、满洲等。"鞑靼利亚"是欧洲探险家绘制的地图里常用的地理用词。

② 这里的"里"是法国古里，1古里约等于4公里。

历代名医描述这种植物药性的论著不可胜数。在给达官贵人开药方的时候，他们几乎都会把这种植物写进去，因为它对普通百姓来说价格过于昂贵。他们声称这是治疗身心疲惫的灵丹妙药，它可以祛痰润肺，治疗反胃呕吐，可以健胃消食，治疗惊悸和气短喘促，可以提神，促进血液中淋巴液的分泌，总之，它可以减轻头晕目眩的症状，达到延年益寿的功效……我相信，对于想走进药房抓药的欧洲人而言，如果他们拥有足够的人参对其进行必要的测试，能够通过化学实验检测其特性，并且依据病情适当用药的话，那它一定是非常合适的良药。

所以，人参就是中国人口中的灵丹妙药，它包治百病。杜德美神甫亲自进行了测试，肯定了人参缓解疲劳的功效。传教士写了一条重要的评注，他提到了植物的生长环境，也就是今天所说的生态环境。他提出假设，说人参如果能在其他国家生长的话，那应该主要在加拿大。

人参的功效

关于人参功效的第一篇论文是卢卡斯·奥古斯丁·福利奥·德·圣瓦斯特于1736年答辩通过的。他的论文题目是《人参可以作为滋补药品吗？》。他的结论是肯定的。他一定是受到了中国作者的启发。比如，他这样写道：

"它会让老弱者恢复体力与活力，（让良好

的）精神状态更为持久，等等。"

"人参可以让那些在房事中筋疲力尽的人迅速恢复体力，其效果让人惊讶。对于那些被急性病或慢性病折磨的人来说，任何药物都无法与之相提并论。"

"人参对于爱好美酒佳肴的人用处不大。"

最早针对人参的化学实验始于19世纪下半叶，当时人们从中检测出皂苷等化合物。

人参还包含维生素、纤维、人参皂苷。今天，它的药效已经得到了充分认可。

过了两年，新法兰西的耶稣会传教士拉菲托神甫来到魁北克，想要读一读《耶稣会士书信集》。他看到了论述人参的段落，便开始寻找杜德美神甫笔下的这种植物。既然他说人参应该长在加拿大，那就去找吧！很快，他发现最好的方法就是询问印第安人，因为他们是最有可能了解加拿大药用植物的人。易洛魁人鼓励脸色苍白的神甫继续搜寻这种植物。他碰巧在一户人家附近发现了一棵貌似人参的植物。来自阿涅尔部落（或莫霍克部落）的印第安人证实，这是一种长期被易洛魁人用作药物的植物。他向印第安人展示了杜德美画的植物图，他们立刻认出图中画的就是人参。可以说，这样的经验是把当地传统知识用于科学目的的最早的尝试之一。

神甫发表了一篇题为《约瑟夫·拉菲托神甫在加拿大发

现鞑靼珍贵人参植物》的文章，并于1718年把文章提交到位于巴黎的法兰西皇家科学院。出席科学院会议的都是科学界的杰出代表：雷奥米尔、丰特奈尔，还有植物学界的精英安托万·德·朱西厄和安托万·特里斯坦·丹蒂·德·伊斯纳尔。但约瑟夫·皮顿·德·图内福尔没有出席。这个可怜人遭遇了一场致命车祸。好吧，其实是马车车祸。科学争论便这样开始了。拉菲托所描述的植物就是人参吗？它和中国人参是同一物种吗？这首先是个方法问题。植物学家的鉴定遵循严格的规则。他们是知名院士和科学家；而耶稣会士的见解带有宗教色彩，而且也不太正式。科学家通过解剖来了解花卉结构，进而识别植物；而耶稣会士则拥有更为开阔的视野，尤其了解植物在新世界的使用情况。拉菲托还声称当地原住民拥有真正的生态知识，他将耶稣会团体视为欧洲和美洲世界之间的调解者。

虽然这是拉菲托首次到访科学院，但科学院院士们已经在人参问题上整整讨论了一年。植物学家伊斯纳尔指责拉菲托把加拿大物种和中国物种混为一谈。他认为把北美和亚洲这两种不同的文化背景进行比较是不合理的。朱西厄和瓦昂觉得拉菲托的鉴定工作不错，但是发现人参这一功劳还是要算在萨拉赞头上。

两个大陆之间的联系

拉菲托（这位神甫曾经有点想抢萨拉赞的风头）对人参的观察及其所引发的辩论远远超出了植物学范畴。它还促使我们关注地理学和人种学问题。

拉菲托是一名大学者，他的知识体系和思想体系不同于院士。当然，他的观点具有宗教色彩，不过，由于他对原住民的观察记录，他有时还被视为人类学的先驱。1724年，他出版了《美洲原始部落风俗与早期风俗比较》一书。同时在亚洲和北美发现人参被解读成两大洲存在连续性的证据。当时，即便已经"发现"了美洲，但人们还不知道美洲大陆北部的范围，因此他强调中国人和易洛魁人离得很近！

经过多次激烈的辩论，科学界终于得出结论：拉菲托没有弄错。产生混淆的原因是，在人参所在的五加科中，存在许多相近的属，其中有人参属和楤木属（人参属的物种才是真正的人参）。

再来谈谈萨拉赞吧。我们的这位主人公后来只承认他没有立即将中国人参与1704年发送的第一个样本联系起来，认为它只是一个简单的楤木属物种。不管怎样，他还是仔细研究了人参的神奇特性。在1717年11月5日寄给皇家图书管理员比尼翁神甫的信中，他写道：

我正要给皇家花园寄些参根。我请瓦昂先生给您寄些晒干的参根。如果您觉得年老体衰，它可以让您焕发活力；

如果您还想快乐生活，它可以让您永葆青春。

该死的萨拉赞。他究竟是天真无知还是在阿谀奉承？

18世纪掷地有声的植物

在加拿大发现人参引发了一股意想不到的热潮。参根在中国售价惊人。行情真的在暴涨！在整个18世纪，人参成为加拿大仅次于河狸皮的第二大出口产品。这个产业还没有那么热，但已经觉醒！

在新法兰西，商人们不去播种小麦，反而冲进森林根据人偶的模样寻找采挖参根，其价格根据供需情况上下波动。价高的时候：田地空无一人，加拿大人人都去挖人参，一点也不操心田间管理的事情。价低的时候：人参发霉腐烂，滞留在魁北克的码头。

> ### 与蓝精灵有关的植物谱系
>
> 五加科植物共有50余属，约400种。①其中就有人参属和楤木属，还有一种大家熟悉的常春藤属植物，即常春藤。

① 据《中国植物志》，五加科植物有80属，900种，列于此谨作参考。

人参属包含13种（或者更多，取决于整天揪着同义词术语不放的植物学家……），其中有加拿大人参和中国人参。1753年，瑞典植物学家林奈把加拿大的这一物种命名为"五叶人参"，表示有五片小叶的人参。将近一个世纪之后，为俄罗斯帝国工作的德国植物学家和探险家卡尔·安东·冯·迈耶记述了高丽红参，这种人参与中国人参同种。1843年，迈耶将其命名为"人参属人参"（拉丁学名：*Panax ginseng*）。"*Panax*"（人参属）一词来源于希腊语"pan"（意为"万物"）和"akos"（意为"药物"），合在一起有"灵丹妙药"之意。

至于商店里看到的红参和白参，它们是同一种植物，只是加工方式有所不同。红参的参龄至少在6年以上，要经过浸润和烘干程序。

最后被发现的人参品种是越南参，1973年被人在山区发现。现在，这种人参已经濒临消亡，所以其种子售价极其昂贵。

有一种魁北克楤木属植物（拉丁学名：*Aralia nudicaulis*），也叫洋菝葜，是蓝精灵最喜爱的食物！它广泛应用于民间医学。实际上，真正的菝葜是菝葜属植物（拉丁学名：*Smilax*）。这提醒我们，一个俗名毫无科学价值可言。最好遵循古老的拉丁学名，这样才能避免混淆！

狂热追捧，追求效率，利益诱惑：人们没有耐心按照正确的方式晒干他们的植物，而是直接把它们放入烤炉。其结果就是劣质人参泛滥，人参贸易不断衰败。人参苗通常需要3年才开花，所以人参种群繁殖得不够迅速。

加拿大有一种新说法："像人参一样坠落。"意思是突然摔倒，再也起不来。记录这句话的人是马里-维克托兰修士。他是植物学家，也是《劳伦造山运动时期的植物志》一书的作者。

今天，由于对野生植物的掠夺和对栖息地的破坏，加拿大人参处于极其危险的境地。不过，加拿大仍然是北美人参的最大生产国，每年出口3000吨到亚洲市场。韩国人对人参非常推崇，每年都会举办人参节。

至于萨拉赞，他一直废寝忘食地工作，直至53岁才娶了一位20岁的姑娘。这位姑娘名叫玛丽-安妮·哈泽尔，家境富裕。结婚证上萨拉赞的年龄只有40岁。这究竟是一个单纯的失误，还是他想在年轻妻子面前彰显自己年轻的无赖想法？不过他的一生还是十分勤勉的，75岁时他得了一场感冒后不幸逝世。

今天，萨拉赞在魁北克仍为人熟知，主要是因为其杰出医生的身份。1700年5月29日，他做了一台具有历史意义的手术，一举成名。他给一位名叫玛丽·巴尔比耶的修女做了乳腺癌手术，她是圣母院教会组织的修道院院长。手术中没有麻醉，也没有使用镇痛药！不过……还是用了点鸦片。之后病人又活了39年，但这则故事里没有说明他的疗法里是否使用了人参。

无限商机

一种可以制作泳帽、
导尿管和紧身服装的亚马孙树木

许多人可以非常坦率地承认自己是个乳胶迷。不过，很少有人知道这种引发产业革命的物质来自名叫橡胶树的树种。这种树是聪明的法国工程师弗朗索瓦·弗雷斯诺·德拉加图迪尔在圭亚那发现的。

⊙ 巴西橡胶树

如果没有这种树，我们的生活会变成什么样？想象一下吧：没有轮胎的汽车，没有奶嘴的奶瓶，没有脚蹼也没有连体泳衣的潜水装备，没有小橡皮擦的铅笔，没有小鹿玩偶的童年……

当然，我们正在谈论的东西是一种具有独特质地的材料：橡胶。它是由从生长于亚马孙雨林的巴西橡胶树身上采集的原料加工而成的。但是，真正吸引欧洲人注意的第一棵橡胶树是一种名为圭亚那橡胶树的树种，正如其名字所示，它生长在圭亚那。

"发现"圭亚那橡胶树的时候（印第安人显然已经认识这种树），圭亚那还是一片鲜为人知的蛮荒之地。那里既没有火箭发射场①也没有淘金者，生态旅游还未流行，只有青柠檬朗姆酒和圭亚那辣椒。当时，很难想象这株普通的热带树木会有一波三折的经历，无论在植物学史上，还是在经济上，其故事都充满了传奇，还夹杂着悲壮的意味。

———————————

① 法国在圭亚那建有太空中心，是法国唯一的航天发射场，也是欧洲航天局（ESA）开展航天活动的主要场所。圭亚那太空中心是国际上公认最理想的发射场。

一位工程师寻觅会流淌浆液的树木

第一位关注橡胶的人叫弗朗索瓦·弗雷斯诺·德拉加图迪尔（1703—1770），1703年生于"牡蛎之乡"法国马雷讷市。他的名字特别精致，不过我们还是简单地称他为弗雷斯诺吧。

弗雷斯诺似乎被历史遗忘了，但他的发现和工作成就彻底改变了世界。正如歌曲里所唱的那样，塑料很奇妙，橡胶很柔软！现在乳胶有25000种不同的用途。

路易十五的大臣让–弗雷德里克·菲利波是莫尔帕伯爵，是掌管海军的国务卿，也是他任命弗雷斯诺为驻扎卡宴的皇家工程师。当时弗雷斯诺年仅29岁，热情洋溢，活力四射。

属和种

橡胶树属由法国植物学家让–巴普蒂斯特·菲塞·奥布莱在1775年根据圭亚那橡胶树种设立。最早一批运到法国的巴西橡胶树样本是由让–巴蒂斯特·拉马克于1785年接收的。

　　弗雷斯诺的第一份工作是研究新防御工事的建设。他还负责采集植物，以丰富皇家花园的植被种类。他对已经在圭亚那种植的可可很感兴趣。弗雷斯诺以工程师身份成功完成了众多任务，其中他最引以为豪的是发明了一台除蚁机器！他行事很随心所欲。当时种植园被红蚂蚁入侵，而弗雷斯诺颇似美剧《百战天龙》中的男主角马盖先，具有奇思妙想又很果断勇敢，他发明了一台用硫黄熏蚁穴的机器，所以蚂蚁损伤惨重。他不断发明机器，都很实用：几种起重机，可以把沟渠里的泥土吊起搬运；一台手动碾磨机，可以磨碎木薯或小米；一台压榨机，可以榨出木薯根部的水分。他还绘制了欧雅帕克河①新哨所的防御工事图。

　　弗雷斯诺为自己的成功暗自高兴，他希望得到晋升，所以提出想当队长的要求。监管特派员报告称"他的热心无愧于英雄的称号"。但是海外省资历最老的军官和卡宴地区的神甫妒贤嫉能，所以他搬到了乡下，雇了8名"黑人"（不要忘了在那个年代，人们还在用"黑人""野蛮人""原始人"来指代那些不太像垦荒移民的人……），种植甘蔗、蓝染植物和其他植物。他通过泥沙配比混合来制造砖块，以加强他的防御工事。多么聪明的工程师啊！

---

① 欧雅帕克河为巴西阿马帕州和法属圭亚那之间的界河，源自土木库马奎山脉，注入大西洋，全长约370公里。

流泪树木的乳胶

在弗雷斯诺生活的年代，当人们说到橡胶树的"眼泪"时，有时指树脂，有时指树液，有时指树胶。实际上它是乳胶。

树液是树木的筛管中流动的用以输送养料的液体。树脂是从植物中的树脂通道里流出的。

树脂由特殊细胞构成，可以保护树木免受侵害。

乳胶是一种保留在细胞壁中的物质，只有在植物受伤的情况下才会从其身上分泌出来。采集树脂的切口会产生巨大的液压。乳汁管会成为吸收矿物元素和有机元素的一种井道。

弗雷斯诺最后回到了法国，给杜菲先生（皇家花园的管家）带来了好几箱植物，给大臣带来了上等木材，给视他为宠儿的安布尔夫人带来了咖啡。她的丈夫是名侯爵。能够想象出他对她一见钟情的场景吗？真相总是扑朔迷离……总之，她给予他的事业很大的帮助，总是在大臣面前支持他。1738年，他娶了塞西尔·索兰-巴隆，她的父亲是一名军舰二副。他们生了8个孩子，之后又回到圭亚那，那时的海岸线遍布海盗。

1747年，他开始寻找神奇的植物。大学者、金鸡纳的发现者夏尔·玛丽·德·拉康达明（1701—1774）注意到了他。拉康达明曾经观察到一棵会分泌可塑树脂的树，并在

1745年的科学院大会上分享了这一研究成果。院士们觉得这些研究只是猎奇之举，而不是科学发现。"野人们"制作球和靴子是在闹着玩，只是想逗他们乐乐，而不是想让他们理解！啊……要是在场的院士们知道这离树胶的想法差了十万八千里的话……

在写给大臣的一封信中，弗雷斯诺提到他"发现了一种像是由葡萄牙人制造注射器用的材料以及其他稀奇古怪的东西混合而成的树乳"。这位头脑精明且富有远见的工程师立刻意识到，树脂中可能蕴含着工业生产与商业销售的机会。

"野蛮人"制造瓶子、火炬、靴子、子弹或注射器。其中注射器不是用来抽血，而是用来盛装液体。分泌这种神奇树脂的树木被印第安人称为"cahutchu（橡胶树）"，意为"流泪的树木"。

调查印第安人

这就是我们的探险家，他寻觅可以用以生产注射器的树木，正如其他探险家寻觅绿宝石一样。弗雷斯诺行走在一片人迹罕至的丛林深处，在热带高温下挥汗如雨，他在努力寻找一样之后会成为"白色黄金"的东西，不过他当时还不知道。

　　他注意到其他一些树木，并做了些小实验。譬如，他把一种叫"mapa"的热带植物汁液与野生无花果树汁液混合，然后用混合汁液做成了一种皮带，不过没有一点弹性。

　　幸运之门终于向我们的冒险家打开。他碰巧遇到了一条捕杀海牛的小船。船上是努拉格[①]印第安人，是从葡萄牙人那里逃出来的。为了套他们的话，他采取了一套非常规的办法：用烧酒灌醉他们！这很管用，印第安人表示他们认识流淌树脂的树木。弗雷斯诺让他们用黏土做个这种树的果实模型，印第安人便做了一个含有三颗杏仁状果核的三角形水果模型。这些果核捣碎煮熟，可用于制作烹饪用的黄油。它就是葡萄牙人称为"pao-xiringa"（指橡胶树）的植物的果实，也被称为"橡胶"果。弗雷斯诺还让他们画了叶子。

　　为了表示感谢，弗雷斯诺送了点盐给印第安人，之后就派人去找这种让人觊觎的植物。一个叫梅里戈（历史上对这个人的记叙不多）的男子向他表示已经找到了一棵这样的树。弗雷斯诺马上弄了一条船，装上食物和生活必需品，踏上了寻树之旅。无所事事一向不是他的风格，所以他借机把他经过的河流画成了河流分布图。在阿普阿格河流域，他终于找到了他的宝藏！我们可以想见他看见流泪树的场景，他一定流出了"鳄鱼的眼泪"。

　　弗雷斯诺把树上分泌的神奇物质涂抹在各种纸板制品

[①] 努拉格是法属圭亚那的一处原始森林，1995年被列为法国国家自然保护区。

上，终于发明了橡胶靴（就此而言，印第安人的想法应该早于他）。在马塔鲁尼河上岸后，他受到了当地印第安人的热情款待，有舞蹈，有火把，有盛宴……他又把水果模型拿给印第安人看，他们明确跟他说他们很清楚这种树生长的地方，而且那里长着一大片！于是弗雷斯诺得到了他所谓的乳汁，可以没事用来做做小球和手镯。

这一切真是完美无瑕。不过我们忙碌的工程师、探险家依然对奇特的树胶热情不减。他注意到树脂硬化的速度非常快，所以要在硬化之前迅速塑型。

他继续废寝忘食地研究。他根据自己的发现写了一篇论文，并将它寄给了掌管海军的国务卿安托万·路易·鲁耶，也就是莫尔帕伯爵的继任者。海军国务卿似乎脑子不太灵光，对论文的价值不屑一顾，傲慢地把论文丢给了科学院。幸运的是，弗雷斯诺的论文得到了伟大的夏尔·玛丽·德·拉康达明的重视。值得一提的是，两人此前已经在1744年于圭亚那相识，成了好朋友。他们一起做过声速实验，饶有兴趣地观察过木星的卫星。弗雷斯诺在论文里对橡胶树进行了描绘，并且写明了胶乳提取的流程：

先生，这棵树又高又直，树冠很小，整个树干上没有其他分支……至于割胶和胶乳的使用方法……首先要清洗树的底部，然后割出切口，但要有一定的角度，切口要穿透整个树皮，割不同切口的时候要小心，避免上面切口流出的胶乳流到下面的切口中去……

至于橡胶的应用，弗雷斯诺提出可以用它来制作泵套、潜水服、盛水皮袋、饼干包装盒等。

过了几年，也就是1763年，一个叫贝尔坦的财务总稽查员，他想了解弹性树脂的信息，便向拉康达明咨询。拉康达明就很自然地把（橡胶）球踢给了他的朋友弗雷斯诺。弗雷斯诺受宠若惊，便回了一封信，措辞极其客气：

我对于祖国的荣誉和事业所付出的一腔热忱也许能配得上您对我的美誉，诚如我们的肺腑之言，这样的热忱也是与知识和才能相得益彰的：大人，如果说这两样是并驾齐驱的，那么一个很有限，而另一个则广阔无垠。我对自己的这种感觉不会妨碍我把学问奉献给您，如果伟大的您希望了解我长期研究、长期忙碌、长期通宵达旦工作的对象的话……

看了这样的信，让人如坠云雾之中！所以如果你用这样的口吻给你的老板写信，一定会给他留下深刻的印象。总之，弗雷斯诺非常高兴，对拉康达明表达了谢意：

先生，只有您能够为我做出这么漂亮的工作，通过您的工作，我竟然意想不到地与一位国务大臣通上了信……

（你会注意到弗雷斯诺的文采远胜于我，不过，与一位国务大臣通信是否存在天赋……）贝尔坦在想，是否可以用玻璃瓶储藏树上流下的树脂，然后再运回法国。工程师的回答是否定的。因为树脂很难保持液态。也许可以在上面覆盖一层油。那就产生了另外一个问题：树脂会不会溶解？弗雷斯诺明确观察到胶乳不溶于水，他找到了一种合适的溶剂：

核桃油。值得一提的是，他已经用许多东西做过试验：铅、肥皂、橄榄油，甚至酒精。

雨衣与吊带

橡胶树和橡胶的史诗并不止步于此。继弗雷斯诺之后，还有许多人关注这种具有弹性的神奇物质。1770年，英国化学家约瑟夫·普利斯特里（1733—1804）注意到乳胶可以擦除纸上的铅笔痕迹。于是他发明了橡皮擦！稍微补充一下，这位先生可不普通，他还发现了绿色植物释放氧气的现象，也就是光合作用！

生菜和蒲公英可以取代橡胶树吗

橡胶树并不是产生乳胶的唯一植物：所有大戟属物种都可以，其中就包括橡胶树。其他种类的植物也可以产生乳胶，譬如生菜和蒲公英。加拿大卡尔加里大学正在研究用生菜生产橡胶的可能性。研究人员在生菜中发现了制造橡胶所需的蛋白质。

俄罗斯蒲公英也引起了科学家们的注意。自2010年以来，相关研究发展迅速，特别是在德国，其目的在于让青胶蒲公英成为受到真菌威胁的橡胶树的可靠替代品。早在1928年，由于俄罗斯缺乏热带地区的殖民地，瓦维洛夫教授便派了几位农艺师去寻找可以适应俄罗斯气候的能生产乳胶的植物品种。青胶蒲公英就这样来到了土耳其斯坦草原。1941年，它的生长面积已达670平方公里！

二战期间，德国人趁着入侵苏联之际试图获得青胶蒲公英。他们不是用它来做沙拉，而是要生产军用橡胶。研究工作是由一批被关押的化学家和农学家被迫进行的。但研究并未产生令人信服的结果。2011年，德国重新启动这项研究，研究人员让使胶乳迅速凝固的酶失去活性，制成转基因蒲公英。当年正是这种酶的特性阻碍了橡胶的大规模生产。现在，这些转基因蒲公英生产的橡胶比原生的俄罗斯蒲公英多4到5倍。跟橡胶树生产的橡胶相比，这种方式生产的橡胶还有另外一个优点：不会引起过敏。

几年以后，塞缪尔·佩尔使用了混有松节油的乳胶，从而找到了对衣服和鞋子进行防水处理的方法。1823年，查尔斯·麦金托什发明了一种用橡胶和石脑油混合制成的防水材料，后来推出了雨衣系列，上面印了"Mackintosh"（比他的姓Macintosh多了个k）。由于我们谈的是植物学，所以请记住这个小故事与苹果公司的同名产品系列没有任何关系。[1]

那个年代还生产橡胶吊带和袜带，这涉及巴黎和鲁昂的

---

[1] 苹果公司自1984年起开发以"Macintosh"为名的个人消费型计算机，简称Mac，如iMac、Mac mini、MacBook等。

整个相关产业，吊带每年出口约50万副……即便是非常时尚的法国皇帝拿破仑三世，也穿上了这些漂亮的吊带！

又过了几年，有一个人下定决心要改善自己的生活，这个人名叫查尔斯·固特异（1800—1860）。这个负债累累的美国五金厂老板必须找到摆脱困境的办法。迫于养家糊口的压力（当时家里有妻子和6个孩子，最后共有12个孩子），固特异开始关注橡胶。但当时这个奇迹产品已经过时，实际上它还没有被完全研发。想象一下，你的雨衣在夏天会粘手、在冬天会开裂……固特异工作时就像关在卡宴监狱里的疯子一样，工作环境也散发出难闻的气味。化学，你懂的……最后，他的邻居们逼着他一定要搬离。对他们而言，橡胶很不赖，但它应该待在丛林的树上，而不应该出现在邻居的车库里，而且还混杂着散发出恶臭的各种东西！查尔斯逃往纽约，试图东山再起。他碰到了几位相信他的资助者，这几位资助者雇他生产橡胶邮袋。但制造技术并不完美，邮袋一受阳光照射就会像雪一样融化。当他把硫黄橡胶提取物放入锅中后，居然有了意外的发现（你可以认为这是最最巧合的事），幸运女神终于向他招手了。他发明了橡胶硫化技术。这是让橡胶产生弹性的过程。不过，与罗伯特·福钧不同，固特异此后运气不佳。他的发明没有给他带来任何收益，因为另一位发明家托马斯·汉考克赶在他之前，成为第一个申请这项专利的人。可怜的固特异，由于负债累累又被关进监狱，而且他的6个孩子小小年纪就夭折了。在这里就只简单说一说查尔斯·固特异的故事，免得让人听了伤心流泪。让人流泪不是本书的目的，我们是要让橡胶树流泪。不过还是要说明一下，硫化技术的发明使得大规模生产避孕套成为可能（避孕套不是一项现代发明，古埃及人早已使用绵羊肠衣或猪膀胱来制作……）。

有关"绑架"植物的传奇

让我们回到橡胶树的话题吧。下面的故事涉及英国探险家亨利·威克翰（1846—1928）。1876年，他把一些巴西种子带回伦敦邱园①，想日后把它们种在英国在亚洲的殖民地，并借此打破巴西的垄断局面。一些人把这说成是植物"绑架"。威克翰成了传奇。不过请不要夸大其词！威克翰运送种子是完全合法的。是他造就了自己的传奇……好吧，让我们一起回顾一下这段插曲，它其实可以洋洋洒洒写满整整一章。但这本书并非一部10卷本的橡胶研究专著，所以我就为你们简要概述一下。

在伦敦，植物学家约瑟夫·道尔顿·胡克和理查德·斯普鲁斯正在寻找一种植物，以取代远东种植的咖啡，当时咖

① 英国皇家植物园邱园坐落在英国伦敦西南郊的泰晤士河畔，是世界上最著名的植物园之一，也是植物分类学研究中心和世界文化遗产。

啡正遭受咖啡驼孢锈菌的毁灭性侵袭。我们的橡胶树是幸运儿。1876年，一群植物学家和探险家被派往巴西，其中有罗伯特·克罗斯、查尔斯·法里斯和亨利·威克翰。威克翰此前生活在尼加拉瓜，喜爱收集鸟类羽毛。之后前往奥里诺科河流域采集橡胶树种，收集到大约74000颗橡胶树种子，然后乘坐"亚马孙号"蒸汽船把种子送到英格兰，他对此颇为开心。有4%的种子发了芽。

这项举动并不是植物"绑架"。威克翰完全不同于偷盗茶叶的罗伯特·福钧，他是自己想装扮成小偷，从而打造"橡胶大盗"的传奇。这个有着精彩人生的人物想要成为英雄，这不失为一种办法……我们的探险家吹嘘自己通过声称所运送的是给女王带的兰花种子而骗过了巴西官员。但海关职员很清楚他带的是橡胶树种子。能把这些种子运给英国女王，他们还挺受宠若惊的！

威克翰的生活充满了离奇色彩：他在澳大利亚成了一名咖啡种植者（直到火灾、龙卷风等接连发生的灾难让他的小本经营彻底泡汤），然后去洪都拉斯当了一名森林检查员，之后在新几内亚定居，捕捉海绵，种植椰树，最后又种起了橡胶树。如果你厌倦了办公室的生活，那你可以以他为榜样，生活中有太多的事可以去做。是的，我们可以！[1]

经历了多年的冒险，威克翰回到英国，发明了几台橡胶

① 此处原文是"Yes, We Kham.", "We Kham"与威克翰（Wickham）的英文发音相同，又正好与"Yes, we can."（是的，我们可以。）谐音。

处理机，不过却无人问津。遗憾的是，他的名字只与橡胶"偷窃"挂上了钩。过了很久，到了1910年，马来西亚和斯里兰卡产的橡胶达到了创纪录的价格，挤压了巴西橡胶的市场份额。同年，亚洲种植的橡胶树已经有超过5000万棵，而巴西的橡胶价格却一泻千里。

永不气馁的发明者

橡胶树伟大的冒险之旅还充满了发现、振兴和创新。1888年，约翰·邓禄普（动手能力非常强的苏格兰发明家）为轮胎制造申请了专利。1892年，米其林兄弟投身橡胶产业，发明了可拆卸的自行车轮胎。十年后，我们见证了一个重要角色的诞生：米其林轮胎人！

墨西哥的乳胶植物

最后要谈一谈神奇的弹性植物，我们去墨西哥转转，那里长着银胶菊。通过简单的研磨便可以从这种植物里提取乳胶。银胶菊并不是新发现的，很早以前当地人就认识它了。二战期间，它引起了美国人的兴趣，因为德国人和日本人封锁了海上航线。

和蒲公英一样，银胶菊之后也被人遗忘。然而，这种古老的植物也是一种未来的植物，它用途很广，尤其在医疗领域。法国设计师本杰明·波利卡看过弗雷斯诺的胶鞋之后，发明了一种"循环鞋"。这种鞋子完全用银胶菊制成，生态环保，符合人体工程学，还可以防止过敏。

橡胶树于1893年引入加纳，四年后引入几内亚。1898年，比利时国王利奥波德二世希望与亚洲种植园竞争，所以在殖民地比属刚果推广种植。翌年，亚历山大·耶尔森（瘟疫杆菌的发现者）成功在中南半岛地区栽种橡胶树。1903年，泰国开始种植橡胶树。

20世纪20年代末，推出同名汽车的实业家亨利·福特想到了一个好主意，即在巴西建造一个橡胶主题的未来城：福特城。他为此投资了2000万美元，这点钱对他而言只是九牛一毛罢了。但这个乌托邦之城最后却成了鬼城。福特可能擅长机械，却不擅长植物学！他曾是世界上最富有的人之一，但这无济于事，他不会科学种植。树种得太密了，真菌开始蔓延……就像蘑菇一样。福特城于1945年关门歇业，大家都灰溜溜地回到了密歇根州的家。

现在全世界橡胶年产量约为1100万吨，即每秒生产340千克。亚洲是主要产区，占90%的产量，其中37%产自泰国。至于乳胶提取，自弗雷斯诺的观察研究以来，这项技术并没有太大变化。橡胶树的主人，我的意思是割胶人，他们切开树皮的方式依然没变。

烟熏之旅

好奇的修道士从巴西带回的烟草

烟草在美洲已有数千年的历史，文艺复兴时期引入欧洲，颇受欢迎。人们经常把烟草与一个叫让·尼科的人联系在一起，却忘记了一位充满想象力的非典型旅行者……

⊙ 红花烟草

　　"我的烟盒里有好烟，我有好烟，你却没有……"是的，确实很漂亮！这已经在向天真无邪的少年们展示抽烟的快感（但是抽烟有害健康），让他们学会如何向同伴炫耀（香烟不错，但你却没有！）。这首儿歌可能是修道院教士拉泰尼昂（1697—1779）所写，它包含两个信息：当时烟草制品在法国很普及，而且被视为一种最具亲和力的植物。

　　烟草的拉丁学名为*Nicotiana tabacum*，在法国自16世纪就已经为人所知。之所以没这么叫它，是因为它含有尼古丁，这可不是个好东西。[①]1828年分离出的不祥之物，其名字来源于该植物的拉丁学名以及它的"发现者"让·尼科（1530—1600）。给"发现者"打上引号是必须的。首先，印第安人使用这种植物的历史非常悠久，远远早于欧洲人。其次，在亚马孙发现这一植物的并不是尼科，他一直待在欧洲，一步都没离开过！尼科所做的可能就是把它介绍到法国。最后，虽然我们想把引进这一名声不佳的植物的功劳算

————————

① 这里语含双关，既指烟草的成分里有尼古丁，也指烟草的拉丁学名中含有尼古丁的名字（Nicotine）。

在他头上，但他也不是第一位介绍它的人，不是！让·尼科是从另一位更具冒险精神的人那里抢走了功劳，这个人名叫安德烈·泰韦，是方济各会成员。

如果你去里约，不要忘了带点烟草回来

安德烈·泰韦（1516—1590）似乎被遗忘在历史的角落里。如果这该死的东西不叫"尼古丁"而叫"泰韦丁"的话，那么我们就会记得他（确实有一种叫"泰韦丁"的物质，来自学名为*Thevetia*的黄花夹竹桃属的物种，此属正是以他的名字命名）。所以我们要物归原主。

泰韦生于法国昂古莱姆，出生时间可能是1516年。他是一位农民的儿子。10岁的时候，这个可怜的小男孩很不情愿地被安置在修道院，之后成了一名修道士。他学习的时间很短，没有学过植物学。哦！人们会原谅他这个缺点的，不过他酷爱读书，阅读过亚里士多德、托勒密等人的著作。最重要的是，他求知欲很强，渴望探索广阔的世界。这不是说他想把修道服扔到草堆里，而是因为读书与旅行远比修道院的生活来得有趣。

泰韦先是前往意大利、巴勒斯坦和小亚细亚旅行，回来的时候心情愉悦，幸运女神也向他招手了：一场伟大的远征正在酝酿之中。法国国王亨利二世派军事家和探险家尼古

拉·杜朗·德·维尔加尼翁前往巴西建立殖民地。天真的修
道士安德烈·泰韦因此来到了南美洲。他的梦想，不是来参
加里约热内卢狂欢节，不是来科帕卡巴纳晒太阳，也不是来
跳桑巴舞。安德烈·泰韦不是这样的人，请记住他是一名宗
教徒。当时的巴西还是一个新国家，50多年前刚被葡萄牙人
发现。另外，这个殖民地叫"南极法国"。跟着维尔加尼翁
和泰韦一同前来的殖民者共有600名。

⊙ 安德烈·泰韦画像，托马·德勒绘制

我们的修道士对他的所见所闻都惊叹不已。他不停地低声吟唱："如果你去里约，别忘了爬到那高处。"他把所有新鲜的东西都冠以"独特"的称谓。当时还是文艺复兴时期，对世界的了解还很有限，所以要体谅泰韦这样幼稚的举动。他兢兢业业地履行着探险家的职责，收集了许多样本：植物、鸟类、小动物，还有武器、各种物品，甚至印第安人穿的羽毛装（依然不是为了狂欢，而是出于获取知识的目的）。嘲笑他的人说他特别想带些战利品回去。请记住，泰韦是受聘为布道神甫而非博物学家。无论如何，他总是拥有观察者的灵魂和对知识的渴望，在殖民地也会坚守自己的目标。

有一天，泰韦想跟水手一起去普拉塔地区探险。他本来没有义务这样做，不过他不想把自己困在有限的宗教使命里。然而外出兜风时出了岔子：巴塔哥尼亚人差点杀了他！此外，殖民地的环境与地中海俱乐部的氛围不尽相同：教会人士不太习惯享用海滩。而且天主教徒与新教徒之间吵个不停，弄得我们这位年轻的修道士想回家。维尔加尼翁让他坐上了第一艘船，这样做并非出于同情，不过紧张的关系搞得修道士有点受不了……

途经古巴和亚速尔群岛之后，泰韦于1556年回到巴黎。这在当时真算得上惊天之旅！我很想知道在人的预期寿命还不是很长的年代里，你是否也可以来一场如此漫长的旅行。

要是泰韦没有带回一些纪念物的话，他的故事也就至此结束了。然而他把在观察的时候绘制的画稿带了回来。如果忘带相机，画画确实是个明智之举。这些画稿提供了大量有关新大洲的信息，而且他的口袋里藏着几粒叫作"Pétun"的陌生植物的种子，这个名字也是矮牵牛学名Pétunia的由来。不过，我们很快就会知道，它其实不是这个名字所代表的那种花。

回国两年以后，泰韦出版了一部名为《南极法国的独特性》的游记，该书一面市就成了畅销书。当时还没有龚古尔文学奖，但大诗人们纷纷向他致敬。约阿希姆·杜·贝莱、皮埃尔·德·龙沙等人甚至为他作诗。《去看玫瑰吧》的作者就是受到了泰韦作品的启发，在《第二诗篇》中写道：

> 我不想放弃这个世界，
>
> 在随波逐流中，
>
> 在维尔加尼翁的船上，
>
> 南极之下，刻上了你的名字。
>
> 但面对海洋，我是多么渺小，
>
> 风浪之间，厄运与我如影随形，
>
> 坐在船尾，
>
> 刻骨铭心的激动油然而生。

1560年，泰韦被任命为皇家天文官，真是一个美丽的头衔，但你怀疑这与宇宙学无关。其实这是一个地理学家的官方职位，有泰韦17年的游历为证。他是一位经验丰富的环球旅行家，还是凯瑟琳·德·美第奇①的布道神甫。他还是挺有人脉的。

龙沙，背信弃义的诗人

龙沙专门写了一首诗，《昂古莱姆的安德烈·泰韦赞歌（赞歌第23首）》，借此向泰韦表达敬意：

伊阿宋要是获得如此荣耀

就不会让多情的小公主失望……

泰韦在今日法国获得的恩典与荣耀

都有他的功劳

泰韦见识过这个宏伟的世界

天南地北

见过白人与黑人……

但是，他最后把泰韦的名字换成了另外一个旅行家皮埃尔·贝隆。真是背信弃义！

奇想游记

1575年，泰韦出版《安德烈·泰韦的普通宇宙学——配有作者精彩插图》一书。

此书出版之后，这位可怜的修道士因其作品风格脱离现

---

① 凯瑟琳·德·美第奇（1519—1589），法国王后，是瓦卢瓦王朝国王亨利二世的妻子和随后三个国王的母亲。

实而饱受各方批评。作品确实有添油加醋之嫌，但他被人指责说谎……

我们承认，作品中有的地方确实有点信口开河。譬如，他说他见过独角兽。好吧，怎么不说看见了粉红色大象呢？因为他得构思一些他所谓的"独特性"。泰韦和安布鲁瓦兹·帕雷一样，说的话都有杜撰的成分。帕雷称他见过人鱼主教（是的，没错）——半人半鱼的身形，也被称为"海洋主教"（听上去很可爱），它的鱼鳍宛如道袍。1593年，这位杰出的医生发表了论文《怪物与奇观》，里面借用了好几幅泰韦的插图。泰韦描绘了一种独角兽，它是一种两栖生物，四足，如鹿一般大小，鬃毛浓密。这个动物前额上长着一根长角，可以动，类似鸡冠。他认为这根长角可以防御毒液。泰韦的风格真是有一点奇幻。

⊙ 安德烈·泰韦"看到"的传说中的动物——独角兽，选自乌利塞·阿尔德罗万迪1642年出版的画册《历史上的怪兽》。

他的神奇寓言与奇幻故事，他天马行空的想象和口若悬河的说辞，所有这些都让他遭到同代人的诸多批评与攻击。譬如，他说自己是第一个描写加拿大的作家，实际上他是受了雅克·卡蒂埃的启发。但他并没有注明文字的来源，只说是"我最好的一位朋友"或是"我伟大而独特的朋友"。

泰韦可以被定性为冒充者甚至是抄袭者。此外，他的作品是由他人代笔写成的。对此我们宽容看待吧。要知道当时是16世纪——启蒙运动之前，泰韦是个足智多谋的修道士，他从无到有，为历史书写了自己的一笔。他是一个非典型的英雄，一个骗子探险家：其实只需要去伪存真即可。吉尔·拉普热是一位喜爱巴西的当代作家，在《昼夜平分》这本十分出色的书中，他把泰韦描绘成一个"精神恍惚的人"。他写道：

他是一个梦游者。他在催眠中逐渐睡去。他的愚蠢行为刺激了我们。……这是一种永不满足的品性。他要么是匹饿狼，要么是个孩子。他喜欢奇迹，喜欢童话，喜欢怪物和奇观。

措辞有点严厉！必须说明的是，他很钦佩让·德·里瑞（1536—1613），而里瑞是泰韦的主要冤家之一。（另外，泰韦也是《红色巴西》①中的一位人物的原型，这是让-克利斯托夫·吕芬创作的一部优秀的小说。）

---

① 《红色巴西》以富于喜剧意味的笔触讲述了16世纪法国在巴西建立殖民地的过程。

克里斯托弗·哥伦布先生，这是一个小鞭炮吗

除了泰韦以外，其他人也观察过烟草。雅克·卡蒂埃是第一位踏足加拿大的欧洲人。1535年，他在第二次旅行期间这样谈到印第安人："他们有一种草，夏天的时候成堆成堆地摞在一起，以备冬天之需……"在这之前的1518年，科泰斯把一些烟草种子寄给了查理五世。

1492年，克里斯托弗·哥伦布也看到了古巴人使用烟草的情形："许多人手持草叶火把来到他们的村庄，男男女女，举行他们传统的烟熏仪式。"几年以后，一位名叫巴塞洛缪·德·拉斯卡·萨斯（1484—1566）的牧师、历史学家和美洲印第安人的捍卫者这样写道：

"它们是一种用干叶子包裹起来的干草，包成男孩们在圣灵降临节时会摔着玩的鞭炮的形状。这些干草一端被点燃，他们含着另一端，吸着，或是随着呼吸将气体吸进体内，干草的烟雾让他们昏昏欲睡，像喝醉了一般。他们说这样就不会感到疲惫。这些鞭炮，不管我们怎么称呼吧，他们称之为烟草。"

在泰韦的所有批评者之中，有一位名叫马丁·菲梅的作家。他认为泰韦的书中充斥着不实之词。由于他的姓氏也有

"烟雾缭绕"之感①，所以他只好对这位带回烟草的人闭口不谈。

直到20世纪，也就是泰韦过世很久后，人们才为他恢复了一点儿名誉。就恢复了一点儿。我敢打赌，你一定听说过雅克·卡蒂埃和克里斯托弗·哥伦布，但对我们故事里的这位修道士肯定没什么印象。人种学家承认他的才华，一些人认为他是理解"野蛮人思想"的先驱之一，觉得他真正关注他在美洲各地遇到的印第安人的风俗习惯。

1584年，泰韦出版了一套8卷本的《杰出人物的真实形象与生活》。在这套书里，他提到了哥伦布、维斯普奇和麦哲伦以及相继统治过美洲大陆的人，如阿兹特克人、印加人、图比宁人、佛罗里达的沙土日那人、巴塔哥尼亚人，甚至是食人族！让我们对他用平等主义的态度研究各族人士的做法致敬。

泰韦与尼科

让我们回到植物学的话题上来，谈一谈他从巴西带回的之前既未见过也不认识的草。泰韦观察过许多有趣的植物，如木薯、菠萝和香蕉。他对植物的描述颇能吸引我们：

———————————

① "菲梅"（Fumée）在法语里有"烟雾"之意。

他们用他们的语言称为"烟草"的东西，他们平时都随身携带，因为他们觉得这种草益处多多。它很像我们的牛舌草。他们小心翼翼地采摘这种草，然后在小屋的阴凉处将其风干。这种草的使用方法是这样：等这种草干燥后，他们就用一张大棕榈叶像包蜡烛一样把草叶包起来，把一头点燃，然后口鼻就吸起烟来。他们说这对身体很有益，可以发散消耗掉大脑中过度的情绪。

这正是烟草。泰韦随后写道：

我可以吹嘘我是法国第一个把这种植物的种子带回来、把它播种并给它取名"昂古莱姆草"的人。自我回国后，在差不多10年时间里，某人就再也没有旅行过，也没有给它取过名字。

他口中的"某人"，正是指尼科。尼科时任法国驻葡萄牙大使。他可能从一位佛拉芒批发商那里得到了一些这种知名草本植物的种子，这个批发商刚从美洲回来，确切地说是从佛罗里达回来。之后，尼科就把它作为观赏植物来栽培。人们很快就发现这种植物具有多种药用功效。1516年，尼科送了几株给凯瑟琳·德·美第奇，以治疗她的偏头痛。吉斯公爵把这种植物称为"尼科草"，也叫"大使草"，所以功劳都算到了让·尼科头上。

泰韦在植物学上还是有一席之地的。在他的叙事作品里，他描绘了一种叫作"黄花夹竹桃"的植物，它是一种热带灌木，可以"结出致命的毒果。这种树的高度与梨树相仿，被砍断后会散发出一股恶臭"。他还提到了印第安人使用它的果子的方法，虽然这种方法不太正派："丈夫若因为小事对妻子大发雷霆，就会拿这种果子给她。妻子也会这么对待丈夫。"

⊙ 黄花夹竹桃插图，选自泰韦1557年的著作《南极法国的独特性》。

　　林奈确定了黄花夹竹桃属，命名了阔叶竹桃，把泰韦和尼科发现的烟草作了区分。前者叫红花烟草，后者叫黄花烟草。

恶魔与烟草

你知道烟草是如何"来到"地球的吗？根据佛拉芒的一个传说，很久以前，有一位农民正沿着一片新开垦的田地走着，突然看见一个魔鬼，手里拿着一种不知名的草。农民很惊讶，问魔鬼这究竟是什么草？"你很想知道，是吗？"魔鬼跟他说，"好，我给你三天时间来找它的名字。如果你找对了，所有的田都归你。如果你找错了，那你的灵魂就归我。"（有点幼稚的）农民不禁恐慌起来，该怎么找到这个名字呢？他手上可没有植物学书本来确认这种植物。他回到家，妻子正在等他。他的妻子年轻漂亮，而且足智多谋。他告诉妻子自己遇到了魔鬼。她则平静地回应他，仿佛在田里遇到魔鬼是很稀松平常的事："啊，就这样？别担心，我会摆平一切！"农民听了目瞪口呆。在熬过了漫漫长夜以后，翌日，他发现妻子照常生活，仿佛什么都没发生过一样。午饭过后，她突然脱起了衣服，直到一丝不挂！接着，她叫他把床单撕开，披在她身上，然后她朝田里走去。魔鬼到了，喊道："哦，不，一只鸟！从我的烟草田里滚出去！""鸟儿"马上离开了。之后农民回到田地，跟魔鬼说他找到了草的名字。而魔鬼没有意识到是自己说漏了嘴，怒不可遏，化作一股青烟飞走了。这就是最早有关烟草种植园的传说。

莎士比亚烟斗里的独家新闻

伟大的诗人和剧作家喜欢抽烟斗。英国的烟草是由英国探险家沃尔特·雷利于1585年引进的，他带回了弗吉尼亚烟叶，烟草因而流行起来。雷利爱发牢骚，最后被人砍了头。雷利也激怒了约翰·列侬，列侬指责他，说他害自己得了烟瘾。这位前甲壳虫乐队成员在《我是如此之累》中唱道：

"虽然我很累，但我还有一根烟。

该死的沃尔特·雷利爵士，他是如此愚蠢。"

我们知道列侬只抽烟叶。要是莎士比亚也抽过大麻呢？来自南非比勒陀利亚的一位古人类学家研究了《罗密欧与朱丽叶》的作者烟斗中的残留物。他分析了从几个具有400年历史的烟斗上抽取的24个样本，在其中8个样本里发现了大麻，甚至有2个还含有可卡因！这些研究结果发表在2015年的《南非科学报》上，文章说莎士比亚可能吸食过某些疯狂的草本植物。

从此以后，佛拉芒人就是指荷兰人。众所周知，荷兰人不只抽香烟，你也会明白写出这个神话般的故事的人一定也嗑过药。故事的结论可能就是：魔鬼很愚蠢，佛拉芒农民的妻子很聪明。

亲爱的烟友，现在当你点燃香烟的时候，我希望你会想到这位历经艰难险阻的修道士。要是没有他，你可能不会感受到抽烟的全部乐趣，包括给姑娘递根烟、和她搭讪，也不会对"埃万法"①感到很恼火，然后冒着严寒去户外抽烟，对香烟价格倍感失望，对膏药的效果产生疑虑，一爬楼梯就气喘吁吁，心想"我的胸部X光片上的小斑点究竟是什么"。总之，对于想要搭讪的姑娘，为了显露点龙沙的气质，你可以直截了当地问她："我可以送你一些昂古莱姆草吗？"

---

① "埃万法"指法国1991年通过的有关禁烟禁酒的法律，主要内容包括禁止烟酒广告，禁止向不满16周岁的青少年出售烟酒，以及在大部分公共场所禁止吸烟等规定。

神奇命运

聪明的传教士在中国发现的小绿果

猕猴桃在中国已有2000年的历史。从20世纪60年代起，欧洲市场上开始出现它的身影。这种水果的外号为"中国醋栗"，大约在1750年由汤执中（原名：皮埃尔·尼古拉·勒克伦·德·安卡维尔）发现。以下就是这位传教士如何博得中国皇帝欢心的故事。

⊙ 中华猕猴桃

冬天的时候，大家很喜欢吃猕猴桃，因为它富含多种维生素，人们喜欢它略带酸味的味道和多汁的口感。但猕猴桃外皮布满茸毛，所以最好把皮剥掉后吃！今天，猕猴桃是一种极其常见的水果，人们仿佛觉得一直都对它了如指掌。但实际上，这种水果来到我们餐盘里的时间并不算长。

猕猴桃是猕猴桃属植物的果实，是原产于中国的攀缘植物。是的，它是一种藤本植物！在中国它被叫作"猕猴桃"[①]，即猕猴的桃子，因为猕猴很喜欢吃。猕猴桃属于猕猴桃科（拉丁学名：*Actinidiaceae*）猕猴桃属（拉丁学名：*Actinidia*），共有60多个品种。猕猴桃的拉丁学名是英国植物学家约翰·林德利（1799—1865）取的，其中的"Actis"来自希腊语，意为"轮辐线"，因为它的花柱（雌蕊的中心部分）形态类似车轮的轮辐。你一定会很乐意知道这些，而且肯定会以不同于以往的方式来欣赏猕猴桃的花朵！现在种植的猕猴桃品种主要有中华猕猴桃和美味猕猴桃。第一种来自中国，第二种很美味。好吧……第一种也很美味，第二种

---

① 在国外，猕猴桃更常见的名字是"奇异果"（kiwi）。

也是来自中国！这两个品种一直生长在长江流域。中国人采摘猕猴桃既为了食用，也为了制作纸胶。

一位亲华的传教士兼探险家

1750年，猕猴桃被一位法国人发现。这位法国人是一位耶稣会士，名叫汤执中。又是一位喜爱植物学的宗教人士！应该说，传教士在博物学历史中发挥了重要作用。他们走遍天涯海角，促进了知识的传播。

1706年汤执中出生于法国卢维耶，父亲是一名骑师。他早年在鲁昂学习，1727年进入巴黎初修院。之后他去魁北克教文学，1735年回到法国研究神学。就在那时，他看到了法国著名汉学家、耶稣会传教士杜赫德[①]的著作《中华帝国[②]及其所属鞑靼地区的地理、历史、编年纪、政治和博物》。这本书记录了耶稣会传教士在中国的所见所闻，当时一经出版就引起了巨大轰动，影响了欧洲人对中国的看法。这本畅

---

① 杜赫德（1674—1743），原名Jean-Baptiste Du Halde，法国神甫，著名汉学家。虽然他终身未曾到过中国，却出版了内容非常详实的介绍中国历史、文化、风土人情的著作。1735年出版的《中华帝国及其所属鞑靼地区的地理、历史、编年纪、政治和博物》，被誉为"法国汉学三大奠基作之一"。

② 本书中的"中华帝国"是西方史学界对历史上大一统时代的古代中国封建王朝的通称。

销书很快被翻译成英语、德语和俄语。汤执中如饥似渴地读完了专门记述中国植物的章节，梦想着有朝一日奔赴中国！他将成为最早探索这片土地的欧洲人之一。他学习林奈的体系，频繁和贝尔纳·德·朱西厄交往，经常出现在后者的朋友圈，跟科学院院士们学习化学。

1740年1月19日，汤执中在洛里昂登上"杰森号"，目的地是中华帝国，途径苏门答腊岛、马六甲、头顿①。这趟行程注定是一趟惊艳之旅。

在广州生活期间，他学习了汉语，然后北上进京。他住在皇城内的法国耶稣会会所，几位社会名流在那里接待了他，其中有：修道院院长沙利耶，也是一名优秀的钟表匠；安托万·高比尔，天文学家和优秀的文人；王致诚②，宫廷画家；奥古斯丁·冯·哈勒斯坦，天文学家和人口统计学家，是第一位准确算出中国人口的学者（据1779年他在欧洲发表的研究成果，当时中国的人口约为198214553人）；意大利传教士朗世宁，清宫里最受欢迎的画家。真是高朋满座！

但是，万事开头难。乾隆皇帝并不欢迎传教士。不过这没有难倒我们的传教士，他一定会想方设法接近皇帝。

---

① 头顿是越南南部港口和海滨避暑胜地，位于越南东南部头顿半岛上。

② 王致诚（1702—1768），原名Jean Denis Attiret，法国人，天主教耶稣会传教士，清朝宫廷画家。

西伯利亚猕猴桃或软枣猕猴桃

猕猴桃属包含很多品种，其中就有西伯利亚猕猴桃，也称为软枣猕猴桃（kiwai），它的拉丁学名叫*Actinidia arguta*，是一个很强壮的品种，可以抵御−25℃的低温。它分布在远东地区，现在在法国也有种植。它的个头比它的"兄弟"猕猴桃（kiwi）要小，不过它有一个优点：它的表皮无毛，所以吃的时候可以不用剥皮！当然，它也富含维生素C。

还有一个品种叫狗枣猕猴桃，拉丁学名为*Actinidia kolomikta*，果实紧致，比软枣猕猴桃还要小。它主要分布在中国、朝鲜半岛、日本和俄罗斯的黑龙江①流域。不过它在欧洲并不是食用水果：它的叶子红绿相间，是一种观赏性植物。

汤执中的第一项任务是制作玻璃，但他更喜欢自然科学，所以他得为自己的爱好找到一个出口。当时中国皇帝正在热火朝天地建设他的"夏宫"——圆明园，该园地处紫禁城西北。传教士不得出园，只能待在圆明园的高墙内摆弄花花草草。这可真不容易……

除了富丽堂皇的建筑和精美绝伦的艺术品（特别是王致

---

① 这里的"黑龙江"是指流经蒙古、中国、俄罗斯的亚洲大河，位于亚洲东北部。

诚和朗世宁的绘画作品），还有巧夺天工的园林。"圆明"的含义是"圆满无缺，完美明智"。皇帝想要建造中国的凡尔赛宫。不幸的是，这座园林在1860年遭到英法联军劫掠并被焚毁。

显然，若能在这园林里种上欧洲植物，它将会完美无缺。汤执中并没有迷失方向，他写信让贝尔纳·德·朱西厄给自己寄些植物过来，他还要了一些皇帝可能会喜欢的植物以及它们的栽种方法。他想到了罂粟花、郁金香、康乃馨、水仙花、罗勒、矢车菊、金莲花、紫罗兰，等等。他写道："皇帝首先会喜欢植物丰富的色彩，然后会喜欢它们的果实或种子，这样的话，我就有机会和他谈谈植物学。"哈哈，聪明的耶稣会士想用鲜花来讨好中国皇帝！他说的很有道理，而且这真的管用。

次年，他又寄了一封信，里面写了其他请求。这次要的是蔬菜：花菜、生菜、酸模、苦苣等。最后，他总共写了16封信寄回法国索要种子。正是因为敏感植物含羞草——这种植物的叶子如果受到触碰，就会收缩起来——他才博得了皇帝的欢心。他得以在他自己觉得方便的时候摆弄植物。17年间，他一直热衷于对中国植物的研究。他还将种子寄给了伦敦皇家学会和圣彼得堡科学院。

汤执中在中国度过了自己的余生。由于被一名病人传染了病毒，引起了发烧，他于1757年逝世，时年51岁。除了发现猕猴桃之外，他还把其他一些植物品种引入了欧洲，如日本槐花和樗树（拉丁学名：*Ailanthus altissima*）。樗树也被称为"臭椿"。好吧，传教士不该把这树的种子寄回国的，现在它在法国是一种外来入侵物种，对本土植物产生了威胁，在新西兰等其他国家也是如此。由于中国人用臭椿来养蚕，汤执中还因此写过一篇《有关野蚕的论文》。

最早的猕猴桃样本

让我们先丢掉"芝麻"，重新拾起我们的"西瓜"——猕猴桃。正如我们即将看到的，它也被称为"啮齿动物"！（来一点动物学，改变一下植物学……）

1740年年底到达中国后，汤执中在澳门采集了猕猴桃样本。他把几个样本寄回法国，送给植物学家贝尔纳·德·朱西厄，但样本并没有马上引起朱西厄的注意。猕猴桃的故事还处于休眠状态。需要说明的是，汤执中在自己的笔记里详细记录了一种造纸法：把猕猴桃植株的枝丫放在水里煮至水沸，就可以用来造纸。此时，它还不是一种刺激味蕾的水果！直到一个世纪以后，这种植物才见于法国植物学家朱尔·埃米尔·普朗雄的描述中，并被命名为"中华猕猴桃"。

普朗雄的参考样本并不是汤执中采集的，而是来自另一位伟大的采集者：我们著名的"茶叶大盗"罗伯特·福钧。大约在1845年，福钧趁自己在中国"受难"之际，到上海以南地区采集了几个样本。不过他可能也没有看到果实，只看到了叶子。

猕猴桃果实是另一位探险家奥古斯丁·亨利（1857—1930）最早观察到的。他是爱尔兰汉学家，中文名叫韩尔礼。他对花蕊和花瓣异常着迷。这位植物猎人将植物学研究视为保持健康的一种方法：

我做采集工作就是在锻炼，这项工作让我身心健康。

听一听韩尔礼大叔对于保持健康的建议——投身植物学研究，这比去体育馆办张运动卡要便宜得多！在中国游历期间，韩尔礼采集到一些猕猴桃，把它们保存在酒里，并于1886年把它们寄回伦敦邱园。在他的记录里，他把这种水果视为"伟大的收获"，所以，他是第一个预见这种绿色水果会产生经济利益的人。没过多久，另一位著名的植物猎人厄内斯特·亨利·威尔逊（1876—1930）也采集了一些猕猴桃，并将其相关信息刊登在1904年出版的维奇苗圃①的目录中。维奇家族是英国的一个园艺大家族。不过，当时猕猴桃并未获得预期的成功。与此同时，又有一位传教士兼植物学家保罗·纪尧姆·法尔热（1844—1912）从中国带了些猕猴桃种子回法国。1898年，猕猴桃开始在维尔莫兰和舍诺两处苗圃种植。

---

① 维奇苗圃是19世纪欧洲最大的家族经营苗圃，1808年由英国人约翰·维奇创建。

> **猕猴桃和睡眠**
>
> 猕猴桃以富含维生素著称，此外，它也有助于睡眠！2011年，台北大学的研究人员对24名患有睡眠障碍的志愿者进行了一项实验。结果证明：每晚食用两个猕猴桃后睡觉，睡眠时间延长了13%，入睡所需时间减少了35%！这可能是因为猕猴桃含有抗氧化剂和血清素。对于失眠症患者来说，这个方法值得一试！

我跟你们谈的猕猴桃，也称为"奇异果"。不过在当时，人们一直以它的拉丁学名称呼它，没人叫它"奇异果"！奇异果①可飞不了……现在我们得去新西兰了解它的后续经历。

1878年，苏格兰教会开始在湖北宜昌传教，之后想找几位志愿者协助传教工作。三位新西兰女性因此来到中国，其中一位叫凯蒂·弗雷泽，她有个姐姐叫伊莎贝尔，是一所女子中学的教师。伊莎贝尔来看凯蒂，待了好几个月，1904年回国，离开时带了几样中国的纪念品。她在行李中放了一些猕猴桃的种子，它们是威尔逊采集的，就是我们刚刚说到的英国植物猎人。这就是当初一位新西兰修女的姐姐带

---

① 奇异果的英文名为kiwi，与奇异鸟的英文名相同。奇异鸟是新西兰独有的鸟类，其翅膀退化，不能飞翔。原文中此处一语双关。

回去一些种子催生了现今整个新西兰猕猴桃产业的故事！

新西兰人迅速培育猕猴桃，并且获得成功。伊莎贝尔·弗雷泽把种子带给了农场主亚历山大·艾利森，艾利森于1910年种出了猕猴桃。在20世纪30至40年代，这种绰号为"中国醋栗"的植物的种植规模迅速扩大。最早培育的品种叫"海沃德"，是以新西兰一位植物学家的名字命名的。1940年，猕猴桃在法国仍旧鲜为人知，但在新西兰已经有2700个苗圃在种植。

冷战和鸟的名字

1959年，位于地球另一端的新西兰的岛国朋友们希望赢得美国市场，而我们正处在冷战之中。把"中国醋栗"卖给美国人……一种共产主义水果！出于另一个原因，这个名字也让人感觉不妥：真正的醋栗经常被真菌感染，所以"中国醋栗"最好不要冒这个风险，即使事实上它与醋栗无关。

所以要给这种绿果再找一个名字。新西兰人起先想叫它"小甜瓜"，不过这个主意可并不好，因为当时甜瓜贸易要征收较高的关税。由于这种绿果与一种新西兰特有的鸟相似（粗略相似而已，要发挥一点想象力，都是多毛的、丰满的），最终找到了果名：奇异果。

这就是冷战导致一种无辜的水果取了鸟名的故事……这

个名字是由加利福尼亚州的一位种植者想到的，随后被新西兰特纳斯与格罗尔斯（Turns and Growers）公司采纳。

几个数字

每年全球的猕猴桃产量为200多万吨。法国人每年吃掉10亿只猕猴桃，真是数量惊人！

猕猴桃主要的生产国是中国、意大利和新西兰，其次是智利、希腊和法国。令人惊讶的是，奇异鸟的故乡只位列第三，而中国之前只产野生猕猴桃，现在其人工种植量正在爆发式增长。

为这种小绿果取名"奇异果"，是对奇异鸟的致敬，毛利人因它的叫声"奇异—奇异"为它取了这个名字。这种鸟的拉丁学名叫*Apteryx australis*，万幸我们逃过了这个名字……

这就是猕猴桃再次登陆加利福尼亚州的情况（在1904年不成功的首次登陆之后）。之后其种植面积不断拓展，"奇异鸟"被当作迷人的水果出售，成为一种前途无量的植物。

猕猴桃在欧洲的种植也迅速拓展。在法国，人们叫它"植物鼠"。好吧，也许它不太像小鸟，而更像小老鼠。这得问问你家的猫有什么想法！总之，无需捕鼠器就能捕获它，可以随意采摘。意大利人很欣赏这种健康的水果，因而意大利成为欧洲第一大猕猴桃生产国，也是世界主要生产国之一。

猕猴桃的今天

猕猴桃的经历还未结束。50年前，这种水果在西方几乎无人知晓！它是一种来自别处的水果，在中国受欢迎的历史又如此悠久，而直到现在它才在法国迎来自己的荣耀时刻。我们时常想到原产南美洲的植物（西红柿、土豆、辣椒等），不过，中国植物也给我们的饮食带来了革命性的变化，猕猴桃便是一例。

"海沃德"品种一举成功，时至今日，这一品种依然在市场上占据主导地位。日本人喜欢吃"香绿"，而法国人喜欢吃"中国美人"。

1990年出现了黄金猕猴桃。和其他猕猴桃一样，它也以提神著称，而且还有助于治疗普通感冒和流感。好吧，这些结论是由一项受猕猴桃相关组织资助的科研项目得出的。但不管怎样，猕猴桃富含维生素C和其他有益物质，这一点是毋庸置疑的。正如反复宣传的那句口号：每天至少吃5种水果和蔬菜！[1]

---

[1] 2007年，法国政府依据"国家健康和营养计划"（PNNS）实施了一个疾病预防项目，其宣传口号是"每天吃5种水果和蔬菜"。

历史调查

一种来自寒冷地域的植物

在落入锅里变成糊糊之前，大黄曾经被当作药用植物。它原产于中国（主要是西藏）和西伯利亚，曾是沙俄帝国觊觎的对象。

⊙ 中国大黄

一提到"探索",你的脑海里马上会浮现以下景象,中美洲或亚洲郁郁葱葱的热带森林、长有土豆和其他新大陆植物的南美洲高原,或是生活着奇特生物的澳洲丛林,却很少想到西伯利亚的腹地,而我们要去的正是那儿。我们要谈论的这种植物,它没有草莓性感,没有巨杉壮观,也不如茶叶有用。你会说是"麦芒"!实际上是大黄,在我们今天的花园里,它是如此常见,以至于我们常常忘了它的奇妙历史。

从马可·波罗到俄罗斯探险家,让我们跟着这种长有珍贵叶柄的药用和食用植物,一起去大草原冒险吧。

神秘的来源

这位"大叶美人"看上去如此平凡,似乎在我们的菜园里永远都有它的身影。作为一株古老的欧洲植物,它让我们的祖母们和曾祖母们,一代一代都醉心于馅饼制作。啊,不是的!"美人"其实来自亚洲最偏僻的地区。它越过中国和西伯利亚，来到我们的花园。它在中国人工栽种的历史可追溯至公元前2700年。有人提出，它是由马可·波罗经过丝绸之路带来的。确实，在《马可·波罗游记》中，我们的老马提到了这种植物。在主要讲述甘肃省的一章中，他写道：

在他们那里，漫山遍野长满了最上等的大黄，商人们收购这些大黄并把它们运往世界各地。他们收购的商品只有大黄。

这并不意味着马可·波罗用背包把大黄背了回来，况且他也不是第一个见到大黄的西方人。他当时正追寻着另一位旅行家纪尧姆·德·卢布鲁克①的足迹。卢布鲁克是法国方济各会教士，会说佛拉芒语，1253年出访蒙古帝国。但可怜的卢布鲁克并不像他的意大利晚辈那般成功。总之，他看到这一植物的时间早于马可·波罗。他说自己看到一个和尚正在食用拌有大黄的圣水。

早在1世纪，迪奥科里斯②便已提到过大黄。他称大黄来自土耳其以外的地方。但是这位古希腊医生说的跟我们

① 纪尧姆·德·卢布鲁克（约1220—约1293），又称鲁不鲁乞，法国方济各会教士。1252年受法国国王路易九世派遣，出使蒙古帝国，抵达首都哈拉和林，并见到蒙古大汗蒙哥。著有《鲁不鲁乞东游记》。他的游记和马可·波罗的游记唤起了西方人对东方的向往。

② 迪奥科里斯（约40—90），古罗马时期的希腊医生、药理学家，曾被罗马军队聘为军医。其希腊文代表作《药物论》（或译作《论药物》）在之后的1500多年中是药理学的主要教材，是现代植物术语的重要来源。

说的是同一个物种吗？1608年，意大利植物学家普罗斯佩罗·阿尔皮尼在帕多瓦种植大黄，他是第一位把大黄作为药用植物栽种的人。但我们时常在资料上看到，大黄是14世纪时由查理五世的军队带回欧洲的。阿拉伯人和波斯人似乎很熟悉大黄，可能在中世纪的欧洲拓展了大黄贸易。总之，这种植物畅游了丝绸之路。丝绸之路不只一条，而是有许多条，而且丝绸之路上运送的也不只丝绸，还有大黄。

有益内脏的药用植物

起初，这种叶大招风的植物是专门的药用植物。直至18世纪，它在欧洲才成为食用植物。今天，它的叶柄（不是茎部）可以食用，而它的根部则可入药。那这种植物到底有何疗效？让我们来听一听专家的意见吧。

1717年，杰出的植物学家约瑟夫·皮顿·德·图内福尔在一本医学专著中专门花了一章的篇幅来谈大黄。他说大黄用雨水萃取，然后成为施罗德圣水或是催眠药的成分。你对这些不太感兴趣吧？我也是。我可以肯定地跟你说，我从未上过18世纪的医学院（20世纪的也没有上过）。不过你要是得了痢疾的话，可以试试这款良方：取一些煮熟的大黄，加入捣碎的肉豆蔻，少量红珊瑚，一粒阿片酊，然后放入木瓜浆搅拌均匀即可。①尝一尝！

1806年，让-埃马纽埃尔·吉利贝尔出版了著作《实用植物学要素：最常见、最有用和最奇特的欧洲植物的历史》，里面介绍了大黄的药用特性。作者指出，店铺里大黄的叶子会让人产生误解，其实它的根"才是唯一具有催泻功能的部分，而且不伤胃。如果你空腹咀嚼大黄，它会加速黏液分泌"。"在玫瑰罐头里掺入大黄的粉末状颗粒一起服用，可以非常有效地清除内脏淤积。"总之，大黄有许多功效，其中最为人熟知的是它可以用作泻药。

不过，我们会看到大黄还有其他用途。如果说它在过去是一种让人觊觎的药用植物的话，现在它则是餐饮业的"宠儿"。它可以用于制作馅饼、印度酸辣酱、果酱、糖浆、英式饼干水果屑等，真是一种时尚的植物！你甚至还会看到大黄莫吉托、威士忌煮大黄、大黄油炸鹅肝等的食谱。

中俄贸易的中心

我们简单叙述一下食用大黄的历程，毕竟这不是一本烹饪书，而且我的酸辣酱食谱也是个秘密！让我们跟随这一植物，踏上它具有历史意义的浪漫旅程，回顾与之相关的贸易

---

① 请遵医嘱，切勿随意尝试。

活动，而这些贸易发生在两个大国之间：中国和俄罗斯。

让我们回到18世纪，当时的俄罗斯人正在和中国人做生意。俄罗斯人出售皮草和干果，中国人出售茶叶、丝绸、织物和大黄。大黄采摘自喜马拉雅山的支脉山区，之后贮存在北京的大货栈里。一位来自汉堡的商人向彼得大帝买断了经由俄罗斯的大黄转口贸易专营权，这些大黄最终作为麻醉药材销往德国。与此同时，俄罗斯人把一位圣彼得堡的药剂师派往恰克图①——一座地处中俄边境的布里亚特城——以挑选上等的大黄。对于劣质大黄，他们则要全部烧掉！所以，这里的大黄质量比荷兰人和法国人直接从中国进口的大黄要好得多。事实上，1649年之后，俄罗斯人曾垄断了大黄贸易，为该国的公共财政带来了巨额收入。

需要说明的是，大黄有很多品种，现在共有60多种属于大黄属。大黄属的拉丁学名*Rheum*取自"拉河"（Rha），即现在的伏尔加河。也许也因为这种植物的曾用学名叫*rheubarbarum*，它生长在多瑙河的另一侧。

马可·波罗观察到的大黄可能是药用大黄，拉丁学名叫*Rheum officinale*。虽然……难道不是掌叶大黄吗（拉丁学名为*Rheum palmatum*，俗称"中国大黄"）？总之，掌叶大黄也被称为俄罗斯大黄、观赏大黄、土耳其大黄……它的拉丁

---

① 恰克图是今俄罗斯联邦布里亚特共和国一个临近蒙古国的城市。这里原是清代商人对俄贸易的重要城市。

名反倒不用了！时至今日，这两种大黄依然是最主要的药用大黄。

自我浇灌的大黄

在所有的大黄品种中，有一种既不生长在西伯利亚山区，也不生长在西藏。这种大黄的拉丁学名叫*Rheum palaestinum*，俗称"沙漠大黄"，它生长在约旦和以色列之间的内盖夫沙漠里。2009年，以色列海法大学的研究人员发现这种植物拥有自我浇灌的技能。它的叶子上覆盖着一层蜡膜，而且叶面颇似迷你山脉。这样的结构可以让水从叶面流到根部，就像从山上奔涌而下的洪流。因此，它可以收集到比生长在同一区域的其他植物多16倍的水。真是令人震惊的大黄！

从1731年到1782年，俄罗斯人垄断了大黄贸易。他们甚至在俄蒙边境著名的商业城市恰克图设立了"大黄委员会"或"大黄办事署"。这种植物经过贝加尔湖，穿越戈壁沙漠，一直运到莫斯科。但到了18世纪80年代末，英国人开始种植大黄。住在圣彼得堡皇宫里的詹姆斯·芒西得到了大黄的种子，植物学家约翰·霍普和罗伯特·迪克用这些种子开始在爱丁堡种植大黄。此后，中国大黄的行情便大不如前。

为俄罗斯女皇效力

我们还没有谈到我们的明星探险家，他也是本章的主角。他对俄罗斯大黄很感兴趣，但他感兴趣的并不光是这个。他的名字叫彼得·西蒙·帕拉斯（1741—1811），是一位为俄罗斯帝国效力的德国博物学家。他的故事我们从头讲起。

1741年，小帕拉斯出生于柏林。他的父亲是一名外科医生，督促他学习了多门语言。他年纪轻轻就能用拉丁语、英语、德语和法语写作。青少年时期，他所有的业余时间都花在了自然科学上。15岁时，他已经构思出许多种动物的分类系统。之后他选择学医，1760年在莱顿通过了博士论文答辩，论文主题与肠道蠕虫分类有关。

帕拉斯之后定居在荷兰海牙。25岁时，他对珊瑚产生了兴趣，而珊瑚被归类为动物恰恰是在25年前，在那之前，大家都认为它是植物。帕拉斯出版了有关稀有动物的研究成果，譬如双壳类动物。在他自己的国家，由于无人赏识，他的作品并未引起别人的注意，但在国外却惹人注目。叶卡捷琳娜二世为他提供了一次良机。必须指出的是，当时的德国是一个正在发展教育但却无力为科学家提供资金支持的国家。因此，一些著名的科学家便来到俄罗斯，继续自己的科学研究，如数学家雅克·伯努利和欧拉、胚胎学之父卡尔·恩斯特·冯·贝尔、探险家塞缪尔·戈特利布·格梅林。彼得大帝创立的圣彼得堡帝国科学院正张开双臂欢迎他们。

看到金星和贝加尔湖

帕拉斯是如何出发探险的呢？他靠的是维纳斯。这里指的不是女神维纳斯，而是金星①。1763年，当金星闪现夜空时，法国把修道院教士查普·德·奥特罗什派往托博尔斯克进行天文观测。

他之后出版的著作充满了讽刺之辞。女皇因此震怒。

1769年，据报，金星又将在夜空中出现。女皇希望把身边的一些外国人打发走，于是她从她的科学院里选了几名天文学家前去观测。她觉得派几位博物学家也很有必要，便想到了帕拉斯。帕拉斯兴高采烈地接受了任务。他在圣彼得堡待了一年，准备他的行程。在此期间，他一直在废寝忘食地工作，没有一天休息。他写了一篇有关西伯利亚大型四足动物骨骼化石的论文（做事总要尽力而为），他说其中不少是大象、犀牛和水牛的骨骼化石。

---

① 古罗马人称金星为"维纳斯"。

⊙ 彼得·西蒙·帕拉斯画像，安布鲁瓦兹·塔迪厄绘制。

　　探险队于1768年6月出发。整个队伍里有七名天文学家和土地测量员，五名博物学家和多名学生。帕拉斯穿越俄罗斯的平原，在鞑靼部落里过冬，停留在乌拉尔河流域，那里的游牧民族在里海北部的盐沙漠上活动。他也在里海的古里尔逗留过。1770年，他经过乌拉尔山脉的两侧，参观了几处铁矿，继续行进至西伯利亚的托博尔斯克，然后走到阿尔泰山脉。他这次行程的终点站是叶尼塞的克拉斯诺亚尔斯克。第二年，他穿过贝加尔湖，越过外贝加尔山脉，一直走到了俄罗斯边境。1773年，他在回程途中研究了俄罗斯中部地区的人口。1774年7月30日，他回到了圣彼得堡。多么壮观的行程啊！

植物学界的米歇尔·斯特罗戈夫①

浏览帕拉斯的人生履历，宛若在读儒勒·凡尔纳的小说！帕拉斯在日记里详细记录了自己的所见所闻。旅行的条件很艰苦，冰天雪地，冻得他瑟瑟发抖……冬天，他在简陋的窝棚里待了整整6个月，吃黑面包，喝烈性酒。而夏天则很短暂，气温高得让人窒息。帕拉斯回来时筋疲力尽，年仅33岁便饱受苦难，华发丛生。旅行历练了青春，但也折磨了躯体。等到体力恢复后，他便依据途中观察到的物种开始撰写著作。在有名的俄罗斯动物中，他描述了狼獾、黑貂、西伯利亚原麝以及北极熊。他为啮齿动物写了整整一册书，书里描绘了一种新的奇蹄动物，这个新物种介于驴和马之间，生活在鞑靼沙漠中。他还描绘了一种新的猫科动物，他认为是安哥拉猫的祖先。他还首次描绘了众多鸟类、爬行动物、鱼类、蠕虫等物种。他有一个雄心勃勃的想法，计划撰写俄罗斯帝国的动植物通史（但这一计划并未完成，他只写了两卷）。即便如此，我们依然可以说他的成就令人瞩目。

他在旅行途中还成了植物学家。他的《俄罗斯植物志》

①米歇尔·斯特罗戈夫是法国作家儒勒·凡尔纳1876年出版的科幻探险小说《米歇尔·斯特罗戈夫》中的主人公。

以其波澜壮阔的描绘博得了女皇的欢心。不过这套书只出版了两卷，主要包括树木和灌木。

你给我大黄，我就给你番泻叶

番泻叶是豆科植物里具有泻药特性的一种植物的名称，也指从这种植物中提取的具有通便、导泻功效的物质。古人云："你给我大黄，我就给你番泻叶。"这句话是说两个人彼此让步，做出关系彼此利益的客气举动。

1770年1月4日，普鲁士的弗雷德里克二世给伏尔泰写了一封信，里面充满了对伏尔泰的溢美之词："您服药之后写出的诗句是欧洲桂冠。对我而言，如果我不唱《亨利亚德》①的话，那我会服下整个西伯利亚的大黄和所有药剂师的番泻叶。"

在舞台剧《西哈诺·德·贝杰拉克》中（第二幕第八场），作者罗斯丹笔下的西哈诺这样说道：

"不，谢谢！一只手在抚摸山羊的颈部，另一只手则在浇白菜。送番泻叶的目的是想得到大黄，一直拿着香炉，是不是有点厌倦了？"

布拉桑也在《阿谀奉承》中唱道：

"这两个傻瓜，相互送了大黄和番泻叶，彼此分享自己的意中人。"

---

① 史诗《亨利亚德》是伏尔泰的诗歌代表作，以法国16世纪宗教战争为题材，诗中的亨利四世被当作开明君主的榜样来歌颂。

　　法国前总统尼古拉·萨科齐说错了这句话。他说"你给我色拉，我就给你大黄"，引发了一片唏嘘声！不要因此认为政治家在给我们讲色拉的故事……

　　帕拉斯还发表了大量地质学方面的作品，他为冰川时代的爱好者们撰写了第二篇有关西伯利亚化石的论文。根据他的叙述，人们曾在冰冻的地面上发现一头皮肉完好的犀牛。他还在叶尼塞河附近观察到一块重达1600磅①的大铁块，这是一个崭新的地质现象，一件疯狂的玩意儿！鞑靼人说它从天而降，是一颗陨石。光研究自然科学无法让他满足，所以他还写了一部蒙古民族史。这个帕拉斯，真是人中豪杰！

横渡冰河的帕拉斯

　　帕拉斯在欧洲的知识界广受赞誉，在圣彼得堡也备受推崇，是一位举足轻重的权威人士。不过，他习惯了旅行和野外生活，所以很不适应城市生活。他厌倦了安逸的居家生活（安静地度过美好的时光，对一名冒险家来说着实是件痛苦的事），比起熙熙攘攘的交际圈，比起富丽堂皇的宫殿，他

---

① 约等于726千克。

更喜欢西伯利亚的森林。他趁俄罗斯占领克里米亚之际，再次踏上征程，去往新的地方。

1793年至1794年，他跑遍了俄罗斯帝国的南方省份。他再次到访阿斯特拉罕①，行至切尔克西亚②的边境线，这里也是诞生阿玛宗人③传说的地方（在一年时间里，年轻的丈夫只能在晚上见他们的妻子，而且只能从窗户进入）。正是在此处，帕拉斯遭遇了一场小事故，但不是爬窗看望姑娘不慎跌落这样的事情。在最后一趟旅程中，他想察看一条冰冻河流的河岸状况，结果冰冻的河面突然开裂，他不慎掉入河中，整个下半身都浸在河里。河水冰冷刺骨，四周荒无人烟，无法求救。最后，他抓住河面上的一个漂浮物，把自己拽回岸边。这次意外让他的身体日趋衰弱，所以他希望在舒适的气候里减缓肉体上的痛苦。女皇把两个克里米亚村庄和一座大房子赏给了他。真是大方。帕拉斯在1795年年底去了那里，但当地温和的气候在他看来却是如此多变，如此潮湿。他变得郁郁寡欢，不过他还是在克里米亚度过了十五个春秋，整天埋头编纂自己的著作。他致力于改善葡萄的种植，并进行了大面积的栽种。不过，他的心不属于此地。最终，他以低廉的价格卖掉了自己的土地，就此和俄罗斯永

① 阿斯特拉罕位于俄罗斯南部伏尔加河汇入里海处，是阿斯特拉罕州的首府。这里曾是可萨汗国的首都。

② 切尔克西亚位于俄罗斯北高加索，大概在今天的卡巴尔达-巴尔卡尔共和国与阿迪格共和国。

③ 阿玛宗人是古希腊神话中一个全部由女战士构成的民族。

别。在离开42年之后，他终于回到了故乡柏林，在那里安度晚年。从此以后，他的身边围满了仰慕他天赋的年轻博物学家（如他的传记中所述）。1811年9月8日，帕拉斯与世长辞，享年约70岁。

寻觅真正的大黄

跑遍俄罗斯东西南北的帕拉斯对大黄产生了兴趣，那时大黄在欧洲大受欢迎。好吧，也许你更想让我谈谈冰冻的犀牛、陨石或帕拉斯猫①。帕拉斯在1776年首次描述了这种猫的滑稽面孔，这种动物看上去总是在扮鬼脸！鉴于猫的网络视频很受欢迎，本书也许也会很畅销！就此打住，还是让我们回到大黄根茎的故事上吧。帕拉斯在他的游记中讲述了布里亚特人（贝加尔湖地区的）是如何使用这种植物的：

布里亚特人为了解渴，生吃这种植物的酸茎。不过，他们只在最急需的时候才这样做，因为它们很酸涩，会让喉咙发紧，让舌头和上腭发麻，一整天都没有味觉。不幸的是，我也被迫亲自体验了一回。

①　帕拉斯猫，也称兔狲，是一种生存在中亚的猫科动物，为猫科兔狲属的唯一物种。

据了解，喝一杯伏特加①既可以解渴，也会让喉咙很舒爽！

叶卡捷琳娜二世希望对当时还鲜为人知的药用大黄了解更多。因此，帕拉斯试图为这个棘手的问题找到答案。在西伯利亚的克拉斯诺亚尔斯克②附近，我们的这位博物学家研究了大黄的相关种类。掌叶大黄？药用大黄？波叶大黄？这些困扰植物学家的疑惑，要搞清楚它们可不简单！但是女皇想要知道答案，她之后派了另一位植物学家，名叫约翰·西弗斯。西弗斯除了从事大黄研究以外，还在哈萨克斯坦发现了苹果树的祖先新疆野苹果（拉丁学名：*Malus sieversii*）。

最后，帕拉斯认为市场上所谓的"真大黄"并不对应于一个物种，而是包含了几个物种。这对当时有关大黄的已有观念造成了一点冲击！总之，他让我们了解到这一植物在这些地区栽种的许多知识。这也是最让我们感兴趣的内容，不是吗？我们想要知道的并不是层层关联的拉丁学名，而是把我们联系在一起的植物纽带。下面就是这位杰出的探险家告诉我们的内容：

大黄主要来自克拉斯诺亚尔斯克，它是山区的野生植物之一。当医学协会有需求时，这座城市的统治者便要求供

---

① 伏特加是俄罗斯传统酒精饮料。
② 克拉斯诺亚尔斯克是俄罗斯克拉斯诺亚尔斯克边疆区的首府，位于叶尼塞河和西伯利亚铁路的交汇点，是西伯利亚地区第三大城市。

应商以固定价格交付。秋天，他们在山区多地采摘，特别是在阿巴坎山区和叶尼塞河流域……

帕拉斯还解释说，大黄根茎在这一地区经常因潮湿而腐烂，所以人们发明了一整套干燥技术。他自己也尝试过根茎的处理工序：

我得到了刚刚从布里亚特乌第河流域和萨彦岭上采摘下来的新鲜大黄。我把这些大黄根茎挂在装有取暖炉的房间的天花板上。等它们完全晾干后，我把上面我觉得散发香气的东西全部清洗掉。通过这种方式，我就得到了一块既紧致又漂亮的大黄，其色泽可以和上等中国大黄相媲美，质量上乘，疗效卓著。

温室大黄

在所有的物种中，锡金大黄（也称为塔黄，拉丁学名：*Rheum nobile*）值得一提。这一物种不光拥有美丽的外观，还具有让人难以置信的特性。它分布在阿富汗、不丹、尼泊尔、中国西藏、锡金等地，生长在海拔4000米到4800米之间的区域。它在英语中有"温室植物"之称，因为它找到了适应高海拔的方式。它无需使用防晒指数50的防晒霜，而是用一排苞片（变形的叶子）形成温室以保护自己。这种方法既可以抵御严寒，又可以免受紫外线的伤害！

1772年，帕拉斯来到著名的边境城市恰克图，对大黄做了一次小型调查。他从线人那里了解到，在这里转运的大黄是在中国栽种的，在青海湖西南往西藏方向的地区。在那里，大黄根茎每年四五月采摘，然后进行干燥处理。他从调查中至少得出一条结论：西藏种植的大黄是上等大黄，因为那里气候干燥。

这就有了一条有意义的信息：如果你想带些上好的大黄回来，无需去冰天雪地的西伯利亚！

东南亚丛林

发现世界上最大最臭的花

　　有些植物真的非常奇怪。下面我们要讲的这种植物十分离奇！这"东西"分布在印度尼西亚、马来西亚和菲律宾。它被两个了不起的人物发现：一位脑腆的植物学家和一位喜爱冒险的长官。

⊙ 大王花

真是难看至极！红色的肿块上覆盖着白色的脓包……而且很难闻。真是可怕！虽然这么说，但它依然有让人愉悦之处……

另外，它体形硕大。人们会想，它是不是来自外星球，是不是基因操控的结果。但是，我们既不是在读洛夫克拉夫特①的小说，也不是在看翻拍自《异形》的电影。它就是一种植物，一种宛若来自世界末日的植物，它生长在印度尼西亚和马来西亚的丛林中。它是一种"货真价实"的植物，从头到脚都是。不过从叶子和叶绿素的角度来判断，它算不上完全是。它身上没有绿色的部分，也无法进行光合作用，个中原因你马上就会知道。

这种花的直径可达1米，重量可达11公斤，堪比一头野兽！它就是世界上最大的花朵，名字叫大王花（拉丁学名：*Rafflesia arnoldii*）。之所以叫这个名字，就是因为这种花

---

① 霍华德·菲利普·洛夫克拉夫特（1890—1937），美国恐怖、科幻与奇幻小说作家，被视为20世纪影响力最大的恐怖小说家之一。

是由斯坦福·莱佛士和约瑟夫·阿诺德共同发现的。[①]你也许会想，植物学家竟然没有绞尽脑汁给它另外取个名字。但这其实也表达了一种敬意！对两位植物学家的崇高敬意……

你也许听说过新加坡的莱佛士酒店。这家豪华酒店接待过许多名人，如约瑟夫·康拉德[②]、鲁德亚德·吉卜林[③]、查理·卓别林、约翰·韦恩[④]、安德烈·马尔罗[⑤]、大卫·鲍伊[⑥]等，也接待过乔治·布什，不过这个人我们不谈，毕竟他和前面那些人不在一个层次上。

在成为酒店名称之前，莱佛士确实是一位伟大的人物。他是光彩夺目的政治家、新加坡的建设者（这片弹丸之地到处都是禁止咀嚼口香糖的银行）、爪哇总督，也是一名杰出的植物学家。这是他的绝对优势：能够鉴别动植物的政治家。这样的人你见过许多吗？

---

① 大王花的拉丁学名 *Raffelsia arnoldii* 是根据两位发现者的姓 Raffles 和 Arnold 而取的。

② 约瑟夫·康拉德（1857—1924），生于俄罗斯帝国基辅州（现乌克兰境内）的波兰裔英国小说家，是少数以非母语写作而成名的作家之一，被誉为现代主义的先驱。

③ 鲁德亚德·吉卜林（1865—1936），生于印度孟买，英国作家及诗人，1907年诺贝尔文学奖获得者。

④ 约翰·韦恩（1907—1979），美国电影演员，1969年凭电影《大地惊雷》获奥斯卡最佳男主角奖。

⑤ 安德烈·马尔罗（1901—1976），法国著名作家、文化人，曾任戴高乐时代法国文化部部长，其代表作小说《人类的境遇》荣获1933年法国龚古尔文学奖，逝后葬于巴黎先贤祠。

⑥ 大卫·鲍伊（1947—2016），英国摇滚音乐家、词曲创作人、唱片制作人和演员，流行音乐界的重要人物。

莱佛士爵士: 高雅, 博学, 喜欢研究食人族

我们的故事始于200多年前。1781年，英国人托马斯·斯坦福·莱佛士在水面上出生，准确地说，他是在一艘停靠在牙买加港口的船上出生的。他的父亲是东印度公司的一名船长，所以他注定日后也要展翅高飞。他学习文学和科学，快速掌握了法语，而且十分擅长绘画。又是一名天才！

1805年，他被派往马来西亚的槟城学习马来语，并娶了奥利维娅·马里亚姆·德芬尼什为妻，妻子比他大整整10岁（莱佛士真的很新潮）！

过了几年，到了1811年，莱佛士被任命为爪哇副总督，并和妻子在那里定居。他们的夫妻关系很和睦。奥利维娅始终支持他的计划与决定。由于岛上的生活条件很艰苦，她在1814年不幸病故。我们承认，莱佛士在爪哇岛吃了苦头。不过，若是没有爱情，生活便毫无意义（感谢甘斯布[①]的这句话）。又过了几年，也就是1817年，他又结婚了，娶的是索菲娅·赫尔。

---

① 塞尔日·甘斯布（1928—1991），法国歌手、作曲家、钢琴家、诗人、画家、编剧、作家、演员和导演。他是法国流行音乐史上最重要的人物之一，1991年去世，法国为他降半旗致哀。

⊙ 托马斯·斯坦福·莱佛士

一次惊人的授粉：请注意，它会发热哦

大王花会发热，所以它可以产生热量，这种现象在植物身上极为罕见。这便于释放吸引传粉媒介的挥发性化合物，其气味相当于在雨林里徒步行走15天不换袜子后鞋子所散发出的味道！事实上，它的气味比臭鞋子的味道还要强烈：它闻起来像腐肉，甚至像尸体的气味。

它所散发的热量也制造了舒适的微环境，它让传粉媒介在传粉时可以减少新陈代谢（传粉媒介耗费的能量降低了，因为大王花有"中央供暖"系统）。

1818年，莱佛士被任命为苏门答腊明古鲁副总督。他相貌英俊，聪明机智，是个好人（要是我早生200年的话，我可能也会叫奥利维娅或是索菲娅）。他推行了许多卓有成效的改革，废除了爪哇岛的奴隶制，修复了当地的庙宇和古迹。他回到伦敦后，参与建立了伦敦动物协会，成为伦敦动物园建设委员会成员。

1816年5月，莱佛士在圣赫勒拿岛①遇到了拿破仑·波拿巴，这你知道吗？法国皇帝问了他许多关于爪哇岛的问题。那里的人跳爪哇舞吗？甘斯布在那儿唱爪哇歌吗？哦，不是这些问题，不开玩笑了。皇帝问他的问题是：爪哇岛的咖啡是否比留尼旺岛的更好？莱佛士颇为失望，皇帝对他本人不太感兴趣。那他对皇帝的印象又是什么？"这个人是个怪物，没有一点真正人类的情感……"莱佛士回到了东南亚，于1819年2月建立了一个自由贸易港（今新加坡）。不到4年，这里的人口数量从1000人增长到10000人。要是他知道今天的新加坡有500多万人口，不知道会作何感想！

我们还是把目光转向莱佛士在苏门答腊的植物学历险上吧。我们的这位总督是自然史爱好者，他不光关注植物、动物和矿物，对人类和人类文化也是兴趣浓厚。他本可以舒适地坐在皮沙发上，一只手夹着雪茄，另一只手握着一杯棕榈酒，享受两位美丽的土著姑娘用棕榈叶替他扇微风，但他不是这样的

---

① 圣赫勒拿岛是南大西洋中的一个火山岛，面积122平方公里，隶属于英国。拿破仑就是在这里流放直到去世。

人。莱佛士喜欢亲近大地，不喜欢待在书房。他并不畏惧探索未知的蛮荒之地，也不害怕跋山涉水，直面森林里的危险。他是最早登上海拔2143米的格德火山[1]的西方人之一。他对土著居民也很着迷。他碰到过真正的食人族，还研究过他们（他甚至收集了一小部分颅骨）。另外，他也很喜爱森林。他在回忆录中写道："马来亚森林里最让人震撼的是植物的雄伟与壮观。"英国植物与之相比，简直是小巫见大巫。

世界上最大的花朵

谁是最大的花朵？巨魔芋（正如它的拉丁学名所示，它长得很像鬼笔菌），又称泰坦魔芋，是属于天南星科的植物（就像你家里养的花烛和喜林芋）。它的花序可以高达3米以上。大王花和巨魔芋的差异就在于此，大王花是世界上花朵最大的植物，而巨魔芋则有花序，属于天南星科，天南星科植物的花序都是着生在肉质花序轴上的佛焰花序（很像鬼笔菌的穗状花序）。巨魔芋的花期很短（只有72小时），开花时会散发出腐臭的气味：原来恶臭之间也有竞争！

事实上，巨魔芋具有世界上最大的不分支花序。但这个纪录已经被贝叶棕属植物打破，这种植物高8米，可以开出6000万朵花。

---

[1] 格德火山是印度尼西亚的火山，位于爪哇岛西部。

阿诺德：孤独的植物学家

本章的另一位主人公叫约瑟夫·阿诺德（1782—1818），是一名海军外科医生。他游历四方，完成了从澳大利亚到里约的环球旅行，在行程中收集了许多小动物样本。命运之神也把他引向了印度尼西亚。

⊙ 约瑟夫·阿诺德

阿诺德是个不知疲倦的人。经过动荡不安的航行，阿诺德乘坐"不屈号"于1815年9月3日抵达巴达维亚①。按照计划，这艘船在装满胡椒和咖啡后要开往伦敦。不幸的是，7周之后它不慎着火沉没，阿诺德的所有财产，包括书籍、

① 巴达维亚即现在印度尼西亚的首都雅加达。

纸张以及在南美洲和袋鼠的故乡收集的昆虫样本，统统沉入海底。阿诺德本来希望回到英国，结果却在印度尼西亚滞留了3个月。不过，这最终是件好事：他和莱佛士一见如故，莱佛士在位于茂物①的官邸接待了他。他收集植物，采集昆虫样本（后来被蚂蚁吃掉了，还是运气不好）。

1815年12月，阿诺德终于登上了开往伦敦的"希望号"（船名真是不错，希望这次不会沉没）。他计划把植物带给博物学家约瑟夫·班克斯（1743—1820），但是……东西不是被老鼠啃过，就是被水淹了。命运显然跟他开了个大玩笑。遗憾的是，他所处的年代还没有快递。不过，这并不妨碍他到达伦敦后与另一位伟大的博物学家罗伯特·布朗见面。他还会见了植物学家约瑟夫·道尔顿·胡克和地质学家查尔斯·莱尔，这两位后来都成了达尔文的伙伴。

经人介绍，阿诺德在林奈学会谋得了一份舒适的工作，没有老鼠，也没有洪水。此时，一个千载难逢的机会出现了：莱佛士正为他在苏门答腊西部的明古鲁团队寻找一名博物学家。阿诺德马上抓住了这一良机！就这样，他于1817年11月登上了"莱佛士夫人号"。之后，他全心全意地干着这份工作，他觉得自己是"孤独的动物"（这是他日记中的原话）。他也是一名优秀的医生，甚至还为莱佛士夫人接生过！对于总督来说，他有点像家人。

---

① 茂物是位于印度尼西亚爪哇岛西爪哇省的城市。

巨型植物的发现

1818年5月，斯坦福·莱佛士与约瑟夫·阿诺德一起探险。同行的还有莱佛士的妻子索菲娅、普雷格雷夫先生、一位玛纳村（一个当地乡村）的居民、6名当地官员和50名搬运工。探险队进入明古鲁的森林，森林风景优美，里面栖息着有时会咬人的老虎和其他"可爱的动物"。许多村民告诉莱佛士，他们就是因此失去了自己的家人。不过，人们还是很敬畏野兽，认为它们是神圣的，甚至将它们奉为祖父！虽然它们偶尔会把他们的祖母吃掉。当有老虎接近村庄时，村民们便献上水果和米饭来迎接它。这样的举动很亲切，可是老虎更喜欢吃肉。

蚂蚁传播或大象传播

大王花的生命周期还不太清楚，大约是4到5年。起先，作为宿主的藤类植物上出现一处凸起。大约过了6到9个月，突出的"东西"便长成白菜般大小。开花的初期阶段有24到48天，接着就露出5片花瓣组成的巨型花朵。大王花的绽放期只能维持4到8天（要非常凑巧才能看到！）。传粉之后（花粉从雄花传到雌花），果实需要6到8个月才能成熟。

种子传播的速度可以非常快（1至2天时间，取决于传粉媒介的传播能力）。传粉媒介是动物，但不确定是哪些动物。有些人认为是大象，有些人则认为是蚂蚁！

之后，种子需要48个月才能在宿主上发芽。小小的种子如何能穿透藤本植物厚厚的表皮？这个谜团还有待揭开……

勇敢的探险家们首先沿着大象的足迹行进，然后在浪漫美妙的景致中穿越一条条河流。他们遭遇了水蛭，心情变得相当恐慌。晚上没睡多久，便被附近厚皮动物的咆哮声惊醒。我们也喜欢这些动物，但是离得远远地喜欢就行了！当地人告诉他们，大象分为两种，群居的大象很顽皮，而独处的大象则最凶。度过了这个野兽出没的温柔之夜后，具有决定性意义的一天终于到来了：1818年5月19日。在一个具有异国情调的、名叫普波拉邦的地方，在玛娜河的岸边，探险队正在悄悄勘探周围地带，突然，一个仆人边跑边喊："快来啊，先生。快来看一朵巨花，太漂亮了！"阿诺德赶忙跑过去，看看究竟是什么东西让仆人这般兴奋。看到后，他完全惊呆了，脑子里只冒出一个想法（或是植物学家的条件反射）：把它采下来。鉴于这朵花的体积如此巨大，采一朵就足够了。于是阿诺德拿起一把大砍刀，把花连根砍下，然后带到自己的小屋里。正如他自己所言："这朵花是植物世界里最伟大的奇观。"

这株植物，除了它形状离奇的花朵以外，既没有叶子，也没有根茎。说它是"植物"，它又与牡丹或蒲公英毫不相关，更像是一只可能具有致幻作用的蘑菇。

植物学家很高兴当时有人陪同。如果他说他亲眼看到了一朵体积惊人的花朵，你一定会觉得他在编故事。情况并非如此，他没有患上热带发热病。看到一群苍蝇围着一朵花嗡嗡飞舞，他也觉得很吃惊。那花的气味呢？他觉得很像牛肉腐烂的味道。这是一种委婉的表达。

一位领路人告诉他们，这种花很罕见，当地人称为"克鲁布尔""安布安布"或是"花中之花"。所以它对当地人来说并不陌生。

阿诺德和莱佛士马上就猜到这种植物不是自主生长的。它靠寄生在崖爬藤属的藤类植物上吸收养分存活，所以它是一种寄生植物。这很正常。它没有叶子没有根茎，你指望它如何养活自己呢？它不是绿色的，看上去甚至有点像火星人，所以它无法进行光合作用（这也很合乎逻辑，没有叶子，自然无法进行光合作用）。而且它充分利用供它寄生的藤本植物，真是个"害人精"，所以它是植物吸血鬼。

基因窃贼

最近有人发现，大王花可以从它寄生的藤本植物中"偷取"基因，这被称为"基因的水平转移"。通常情况下，基因转移是纵向的，也就是说基因是由父母传给后代的（所以是同一物种）。当一个生物体吸纳来自另一个生物体的基因物质（前者非后者的后代）时，就会发生基因水平转移。这种现象是1959年发现的，主要见于细菌。然而，2012年在坎特利大王花上发现了相同的基因水平转移现象。

据了解，这种植物一年只开一次花，而且是在雨季过后开花。开花前，它的外观颇似你的花园里种的紫甘蓝。它无毒，但数量稀少。不过在某些地方，它被当地人用作药用植物。比如在婆罗洲①，大王花茶被认为有助于女性的产后恢复。

世界上最大的花朵是如何取名的

这次探险的余下部分还涉及其他著名的植物学家。1818年6月，美国博物学家托马斯·霍斯菲尔德（1773—1859）

————————

① 婆罗洲，即加里曼丹，是世界第三大岛，该岛现属于印度尼西亚、马来西亚和文莱。

（麝鼩属中一个品种的拉丁学名便以他的名字命名）来见阿诺德。他是莱佛士的老朋友，也在爪哇工作。

无法种植的花朵

长期以来，大家都认为大王花无法种植。不过，为了保护物种多样性，培育大王花的相关研究正在进行。例如，布雷斯特国家植物学院和印度尼西亚茂物植物园已经签订了繁育大王花的协议。一些美国科研人员也在对菲律宾大王花展开培育实验。

霍斯菲尔德很快认出了巨花。若干年前，他自己见过一个相似的物种，但体积要小些。他和阿诺德一起收集的地质标本，连同阿诺德收集的大王花等众多样本，都会由"莱佛士夫人号"运回伦敦。石头标本的优点，就是它们不会被不速之客啃食掉。所有这些，外加一封莱佛士的信，统统交给了约瑟夫·班克斯。班克斯也是一位有名的博物学家，他和詹姆斯·库克船长一起环游过世界。（但他比库克更走运，因为库克似乎是命中注定历尽千辛万苦，最终在三明治群岛①死于当地土著手上。）班克斯感叹从未见过如此奇特的植物。

---

① 三明治群岛是夏威夷群岛的旧称，是英国航海家詹姆斯·库克在1778年1月18日发现夏威夷时所起的名字，以纪念时任第一海军大臣、他的上司兼他的赞助者：第四代三明治伯爵。19世纪晚期，这个名称不再被广泛使用。

另一项发现

第一位发现大王花的植物学家是法国探险家路易·奥古斯特·德尚。他当时是科学考察团的一员，负责搜寻"拉贝鲁兹号"。他在爪哇待了下来，1797年采到了大王花的标本。一年之后在回国途中，他的资料和标本不幸被英国人没收，因为当时英法两国正在交战。

德尚观察到的品种叫霍氏大王花，略小于阿诺德大王花。

最终，管理班克斯植物标本室的罗伯特·布朗为了纪念两位植物学家，便根据两位的姓命名这一新发现的巨型植物。这其中存在些许不公平，因为阿诺德是第一个发现大王花的人。不过由于莱佛士更有名气，所以他获得了大王花属①的冠名权！说句题外话，布朗也很有名气，不是因为他的植物学家身份，而是因为布朗运动（他观察到微小颗粒在液体中的运动现象，涉及物理学）。

世界最大花朵的最小品种

大王花属最新发现的一个品种叫康斯薇洛大王花（拉丁学名：*Rafflesia consueloae*），发现于2016年，是一位研究人员在森林里走路跟跄之际偶然

---

① 大王花属（拉丁学名：*Rafflesia*）又名莱佛士花属、大花草属。

看见的！它是菲律宾群岛上发现的第13个大王花品种。这种花的平均直径只有9.73厘米！小小的大王花已经被列为极度濒危物种。与其他散发腐肉气味的大王花不同，这种大王花闻起来有椰子的清香，真是不错！名字里的"康斯薇洛"是为了纪念一位菲律宾实业家的妻子。

在印度尼西亚苏门答腊岛明古鲁省以北的地方还发现了另一个品种。2017年10月，它被命名为"克穆木大王花"（拉丁学名：*Rafflesia kemumu*），克穆木就是发现这种大王花的村庄的名字。

在发现大王花之后，莱佛士和他的妻子以及阿诺德和霍斯菲尔德于7月中旬前往巴东①，这是探索苏门答腊中部山区的第一阶段。但阿诺德一直高烧不退，罹患疟疾，身体羸弱，只好留在巴东。莱佛士和他的探险队于7月30日回到巴东，得知阿诺德已于4天前过世。这个可怜人，刚刚有了伟大的发现就去世了。不过他至少体验过探索发现的兴奋之情。他逝去了，又仿佛一直都活着：他一生孤独。

现在，大王花属至少有23个品种，都分布在东南亚。这种花一直是个象征。在马来西亚，无论是邮票上、钞票上，还是米袋上，都有它的身影。它也是印度尼西亚的三种国花

---

① 巴东是印度尼西亚西苏门答腊省首府及该省最大的城市，位于该省西海岸。

之一。神秘，怪异，陌生的美感（或是丑陋，这取决于观者品味如何），它既是保护生物多样性的象征，也是旅游的魅力所在。

大王花甚至还出现在"精灵宝可梦"[①]游戏里。真是与时俱进啊！

---

① "精灵宝可梦"是任天堂发行的掌机游戏系列。

参天大树

西方有棵世界最高的树

1794年，阿奇博尔德·孟席斯陪同乔治·温哥华船长沿着美国海岸进行了一次动荡之旅。他在加利福尼亚州发现了一棵巨型针叶树。下面就是苏格兰植物学家受困船舱的非凡之旅。

⊙ 北美红杉

115.55米，这是"亥伯龙神"（Hyperion）的高度，它是世界上最高的树木。你能想象这个高度吗？它相当于埃菲尔铁塔第二层平台所在的高度，比美国自由女神像和英国大本钟的高度都高！你家的圣诞树和它相比，简直就是小巫见大巫。这栋大自然的"摩天大楼"就是北美红杉（拉丁学名：*Sequoia sempervirens*），2006年在加利福尼亚州被人发现，它的位置信息高度保密：因为不想让这一宝贝的生态环境遭到破坏！这棵树用希腊神话中的提坦诸神之一许佩里翁（Hyperion）的名字命名。让我们回到在加利福尼亚州准备出发探险的那一刻——当时世界上最高的一批树已经被人发现——我们要和一位苏格兰植物学家一起旅行。这位植物学界的新星名叫阿奇博尔德·孟席斯，他将带我们去领略淘金热时期的"狂野西部"。

三位"巨人"

红杉是一种针叶树，属于古老的杉科，现在被归入松科。红杉亚科共有三个不同的树种。"红杉"这一熟悉的称谓可以指我们的加州红杉，也称"北美红杉"。它是最高的树，也是最瘦长的树。

第二种叫巨杉，或叫巨型红杉。它最粗最壮，十分雄伟。不过，它比前一种树要矮些。但说矮也不矮，它仍然可以长到85米高。

第三种是水杉。它一度被认为已经灭绝，直到1943年在中国被人发现。与前面两个"兄弟"不同，水杉是落叶乔木，它更喜欢在东方而不是在西方生长。

这位孟席斯与《丁丁历险记》中的阿道克船长①同名，真是见鬼了！他和阿道克船长一样，漂洋过海环游世界。孟席斯出生于1754年（路易十六也在这一年出生），父亲是一名园艺师。14岁时，他作别家乡的湖水来到城里拜访著名的植物学家约翰·霍普（1725—1786），成了爱丁堡植物园的学徒。他研究过植物学和外科学，并于1781年成为一名海军外科医生。之后，他参加了安的列斯群岛的桑特斯战役，接着，在加拿大新斯科舍省的哈利法克斯市找到一份工作，当时这座城市建市只有30多年。很快，植物学研究便成为他的一项主要工作。他开始将苔藓、地衣和其他物种标本寄给约瑟夫·班克斯。班克斯是英国著名的植物学家，在前面已经提过。班克斯马上把收到的这些样本制成标本。

---

① 阿道克船长全名阿奇博尔德·阿道克，是漫画《丁丁历险记》的主角之一。

孟席斯于1786年返回英国，同年，他乘坐"威尔士亲王号"离开，但这个"威尔士亲王"并不是现在的威尔士亲王查尔斯（可惜船上并没有"戴安娜王妃"，否则这个故事就更刺激了）。他和船长詹姆斯·科内特上了同一艘船，船长还兼做皮货生意，这在当时很流行。船队驶向北美洲西海岸和中国。在航行途中，孟席斯又采集了许多样本。

跟随温哥华环游世界

孟席斯于1789年返回英国，那时的英国还没有法国那么热闹。1791年，他登上"发现号"再次出发。这里的"发现号"并不是现在的纪录片频道①，而是一艘真正的探险船。经班克斯推荐，孟席斯被著名的温哥华船长聘为博物学家。船长的名字和温哥华市的名字一模一样！其实是这座城市以他的名字命名。最重要的是，"发现号"上的医生病了，所以急需找到一位代班医生。一些人的不幸造就了另一些人的幸运……

乔治·温哥华（1757—1798）之前已经得到了库克船长的言传身教。温哥华显然比他的老板走运，没有遭受那样的

———————————

① "发现号"的英文原名与著名纪录片频道"探索频道"一样，皆为Discovery。

⊙ 阿奇博尔德·孟席斯

厄运。他的新旅程的目的，既不是观鲸鱼赏狗熊，也不是挖陷阱捕野兽，而是沿着太平洋绘制美国海岸线并寻找后来著名的西北航道。当时他35岁，以性格挑剔著称。而且，他似乎有点心理问题，不太想和当地人打交道。但对孟席斯而言，这是开展新冒险的绝佳机会。不过这是个措辞问题，因为当时恰逢淘金热时期，而孟席斯奔向澳大利亚、夏威夷群岛、美国大陆等新兴地区是为了探索未知植物。

在整趟旅程中，他也收集了许多标本。譬如，他记录了一种野草莓树，这种树后来被称为"孟席斯草莓树"，拉丁学名是*Arbutus menziesii*，但这种树与草莓毫不相关。在北美，他收集了一种名叫北美云杉的树种，这种树可以用以提取防治坏血病的维生素C，还可以用来酿造啤酒（真是库克船长的绝佳秘方）。他还发现了红醋栗花（拉丁学名：*Ribes sanguineum*）和北美黄杉（拉丁学名：*Pseudotsuga menziesii*）。值得一提的是，北美黄杉的拉丁学名是为了纪念它的发现者孟席斯，而它的法文名①则是为了纪念植物学家大卫·道格拉斯，把它引入英国的人正是道格拉斯。

孟席斯为了植物学研究经常长途奔波，行程之中不免有些不幸的遭遇。有一次，探险队在一座废弃的村庄里安顿好后，村里脏乱狭窄的小巷里散发出一股不同寻常的恶臭。突然，无数跳蚤袭击了他们！它们爬得鞋子和衣服上到处都是，数量众多，大家不得不落荒而逃。他们全然不顾驻地的东西，拼命摆脱这些狠毒的攻击者。有些人跳入海中，不管是赤身裸体，还是穿着整齐。（哈哈，你可以想象一下当时的景象！）到了晚上，他们把衣服浸在沸水中杀灭跳蚤，然后把这个该死的地方叫作"跳蚤村"。探险家的生活真是充满艰辛。

船上的冲突

除了虫子的凶猛攻击之外，漫漫航程有时也显得十分动荡。在船上，日常生活并不都是"愉快的游轮生活"，环境

---

① 北美黄杉的法文名是le sapin de Douglas，直译为"道格拉斯杉树"。

也会变得糟糕。温哥华的性格让人难以忍受。班克斯可是警告过孟席斯，船长的性格并不随和。总之，孟席斯是否是个圣人，我们无从得知。不过要踏上冒险的征程，一直走到世界尽头，在一个无法用爱彼迎①和易捷航空②旅游的年代，肯定需要一点脾气才行。实际上冒险一点都不"容易"③！温哥华和孟席斯爆发了严重的冲突。前者说后者很令人讨厌，原因是孟席斯收集的标本占了地方。船的大小无法拓展，所以不知道该把植物学家收集的植物放在哪里，可这也正是招聘他的原因……环游世界，发现新物种，这可不是每天都会发生的！植物的贮存条件很糟糕，有些就露天摆放在甲板上，没有遮挡，样本因此损坏。孟席斯为此很是气愤。温哥华船长也予以回击，他变得怒不可遏，把孟席斯关在禁闭室里。这就是我们的苏格兰植物学家被关在船舱里的原因。

当温哥华让孟席斯把日记和画稿交给他时，争吵仍在继续。他有权力这样做，因为他就是"海军统帅"（大老板）。但孟席斯拒绝了。他因傲慢和蔑视而再次被捕。温哥华想把他的博物学家送到军事法庭。但是，吵吵闹闹最终还是恢复

---

① 爱彼迎（Airbnb）是一个让大众出租民宿的服务型网站，提供短期出租房屋的服务。旅行者可以通过网站或手机软件搜寻、预订世界各地的各种房源，为近年来共享经济发展的代表之一。
② 易捷航空（easyJet）是英国最大的航空公司，欧洲第二大低成本航空公司。
③ 原文中此处的"容易"（easy）是呼应上文的"易捷"（easy）。

了平静。总之，两个人还是给对方留下了美好的回忆。

原谅我说了点题外话，有点偏离植物学主题。但要让读者保持清醒的头脑，就需要讲一些耸人听闻、富有戏剧冲突的逸事。每个人都知道，历史是由冲突造就的！

在巨人的国度

让我们回到本章的主题：世界上最高的树。1794年，孟席斯正在美国西部勘探温带森林。森林环境很潮湿，雾气蒸腾，气温凉爽，远远没有丛林里热。他注意到周围的树木如此之高，自己仿佛置身于一座植物教堂之中：它们是巨大的针叶树。真是让人震惊！即便身材高大，孟席斯也一定感觉自己很渺小。他肯定觉得自己身处"侏罗纪公园"，只是那时还没有发现恐龙，同名电影也远未上映。事实上，这些树是侏罗纪针叶树的后代，尽管它们已经有了进化。

微型自动浇灌系统

很难想象一棵树可以长得如此之高，更何况它的根系扎得也不是很深。红杉生长所需的大部分水分，不是通过根部而是通过叶子获得的：叶子会吸收雾气中的水分。

　　这里谈到的树长有红色的树皮，所以它被称作"红木"。它算不上真正的新发现，因为印第安人已经知道这种植物，而且很崇拜它。壮观的巨树被奉为神灵。西班牙传教士也发现了这些树。天主教方济各会修士胡安·克雷斯比（1721—1782）曾经提到过"红皮"树，它们就像印第安人一样。但人们并不相信巨树的存在。

　　红杉四季常青，孟席斯成为它的"官方发现者"，它是最高、最美、最壮的树……完全就是美国人的形象。实际上，"红杉"是根据一位切诺基印第安人的名字来取的。1847年，奥地利植物学家斯特凡·拉迪斯劳斯·恩德利歇（1804—1849）用"红杉"命名此树，以纪念一位绰号"负鼠"的印第安人。这名印第安人是个混血儿，制作金银首饰，他的父亲是德国人。他在自己同胞的历史中发挥了重要作用。为了促进印第安人和白人之间的关系，他推出了一套切诺基语的字母转录系统，还发明了一套书写系统，使得语言交流突破了口语范畴。不过，这位可怜人在一场外来移民的袭击中不幸遇害。

　　孟席斯没有收集过一棵树，因为这比采摘小花放在箱子里带回来要麻烦得多。1846年，这种植物由西奥多·哈特威格引进英国，他是英国皇家园艺学会聘请的植物收藏家。即使没有发生争议，我们也可以说孟席斯可能并不是壮观红杉的真正"发现者"。1791年，就在马拉斯皮纳远征^①期间，捷克植物学家塔迪亚斯·海恩克（1761—1816）大概在蒙特雷^②地区采集到了红皮树的种子。看到这些可以用作电影布景的树木，他一定惊得目瞪口呆。电影《星球大战6》中有部分情节发生在恩多星球的森林里，这些场景便是在美国红杉树国家公园里拍摄完成的。

幽灵红杉

这是植物学领域的奇特现象。在加利福尼亚州的洪堡红杉州立公园，人们发现了患有白化病的白叶红杉！有些树全身发白，有些树有几处发白，有些树则一半变白。这种现象极其罕见，涉及的树木差不多有400棵。

因此，白化病并不是人类和动物所特有的。对于植物而言，发病是因为缺乏叶绿素。加利福尼亚州的一位遗传学家对这个大谜团很感兴趣。他注意到这些幽灵般的树木生长在存在问题的土壤上，它们边上的树木即便全绿，生长也很困难。土壤里含有大量重金属，而患有白化病的树木身上重金属的含量是正常树木的两倍。正是重金属杀死了绿树，因为它会干扰树木的光合作用。这位研究人员认

---

① 1788年9月，意大利著名探险家、航海家马拉斯皮纳向当时的西班牙政府建议组织一次政治与科学远征，考察西班牙在北美和亚洲的领土。这次行程史称"马拉斯皮纳远征"。
② 蒙特雷是墨西哥东北新莱昂州的首府。

为，白化病树木与周边的绿色树木存在共生关系。一方面，绿树进行光合作用；另一方面，"白树"吸收有毒污染物。

至于半绿半白的红杉，每棵树上都存在不同的基因。就像两个人共用一个身体，这位科学家说。

猴子的绝望

温哥华和孟席斯的旅程持续了四年。在返回英国之前，这艘船停靠在智利的圣地亚哥。孟席斯住在总督家里，他对早餐时端上来的种子着了迷。他拿了几粒悄悄放在口袋里。这个故事还有其他版本：他在宴会上甜点时偷拿了种子。这个男人有点不太厚道，但很聪明！好吧，植物学家……他在"发现号"上种了一些，剩下的带了回来。就这样，他把智利的南洋杉引入了欧洲。这种针叶树被戏称为"猴子的绝望"，因为其锋利的叶子阻止了灵长类动物向上攀爬。

⊙ 智利南洋杉

奇怪的是，我们知道智利并没有猴子！最终，孟席斯向英国引进的新物种有400种之多。

> **另一棵世界最高的树**
>
> 　　19世纪时有一棵树比"亥伯龙神"还高，是澳大利亚南部的一棵桉树。这棵树每年长3米，高130米，但最后被砍掉了。
>
> 　　今天，这个树种中最高的一棵是2008年发现的，被称为"百夫长"，有100米高。

　　在夏威夷，当地人一直铭记着这位植物学家，他们这样说起他："红脸男子既割腿，也收集草木。"请放心，这里说的"割腿"，并不是说要吃掉它，而是指为它做手术。

　　孟席斯于1795年返回英国，接着又在安的列斯群岛旅行了一段时间。从海军退役后，他做起了医生，一直做到1802年。植物学研究，特别是苔藓研究让他声名远扬。88岁时，他与世长辞，备享尊荣。我们注意到，旅行可以延年益寿！本书中的其他主人公也都很长寿：萨拉赞活到75岁，洛克活到78岁，弗雷齐耶活到91岁。而在他们生活的年代里，人的预期寿命还不是很长。

加利福尼亚之梦

孟席斯很长寿，红杉也是如此，有的可以活到3000岁。红杉很结实，可以有效抵抗自然灾害。它的树皮防火，可以让它免遭火灾。但是在"狂野的西部"，事情的发展并不太妙……牛仔们具有破坏力，不仅仅是针对印第安人而言。而印第安人不太砍伐树木，他们用自然倒下的树木来制造独木舟、建造房屋。你可以去砍棵参天大树，不过要小心它压在你身上……但是许多移民来到美国西部开疆拓土，造成了不少破坏。矿工们不一定能找到黄金，但一定能找到树木。而且要建造木质屋架和矿道，也要砍伐树木！拓荒者们开始摧毁森林，把红杉砍得变成了濒危树种。这真是一场"电锯大屠杀"：不到一个世纪，美国佬就砍伐了90%的森林。救命啊！

幸运的是，一些垦荒者摆脱了无知，前来拯救"绿巨人"。美国人发明了一样好东西：国家公园。正是国家公园挽救了一座座"植物教堂"。真是很奇特的隐喻，为何把树比作宗教建筑？

1864年，亚伯拉罕·林肯签署了一项法令，旨在保护约塞米蒂①的巨杉林。不过这不是林肯独自一人想到的。有一位患有结核病的拓荒者，名叫盖伦·克拉克，他向加利福尼

---

① 约塞米蒂位于美国西部加利福尼亚州，内华达山脉西麓，现为美国国家公园。

亚州参议员约翰·康尼斯提议保护"拓荒者之树"。当时的加利福尼亚州还没有拯救世界的施瓦辛格，但已经拥有优秀的生态学家。几年以后，到了1890年，世界上首个国家公园——黄石公园诞生。至于红杉方面，1918年，布恩和克罗克特俱乐部的几位成员创建了"抢救红杉联盟"，其目标是保护常青红杉。布恩和克罗克特俱乐部是罗斯福于1887年建立的一个自然保护组织，俱乐部的名字是为了纪念美国探险家丹尼尔·布恩①和戴维·克罗克特②：红杉把我们带向远方，一直带到童年的英雄那里。

> **不可思议的故事：一位女性在北美红杉上生活了两年多**
>
> 1997年，太平洋木材公司计划砍伐一棵红杉。这棵红杉名叫卢娜，年龄已经超过1000岁，高达60米。幸运的是，一位当代女杰前来施以援手。这位女杰名叫茉莉亚·巴特弗莱·希尔，23岁。她在树上生活了足足738天，一天都没有下来过。最后卢娜没有被砍伐，周围的森林也得到了保护。这就是一位女性与一棵树之间发生的美丽的"爱情"故事。

---

① 丹尼尔·布恩（1734—1820），美国著名拓荒者与探险家。
② 戴维·克罗克特（1786—1836），美国政治家和战斗英雄，曾当选代表田纳西州西部的众议员，在得克萨斯独立运动中的阿拉莫战役中战死。

今天，美国还有其他许多公园。我们的超级明星红杉在国家红杉树公园和州立公园里得到了特别的保护。红杉的分布范围依然在太平洋沿岸，在俄勒冈州和加利福尼亚州之间的地区。你想亲眼看看这些树吗？如今无需再像温哥华那样苦苦跋涉四年，只要直飞旧金山，就能拥抱加利福尼亚之梦！

致　谢

　　我要特别感谢法国杜诺出版社的安娜·布吉尼翁，感谢她给予我的信任。

　　我十分感谢露西尔·阿洛尔热、弗朗西斯·阿莱和让·瓦拉德的审读和评注。也要感谢奥雷利安·布尔对大王花的评论（他甚至要反复听爪哇语，此爪哇语与计算机的Java语言没有半点关系），感谢达尼埃尔·埃普龙对橡胶树做出的富有"弹性"的评论。

　　感谢塞巴斯蒂安一如既往的支持，感谢他启迪人心的高明想法，以及分享他对或杰出或普通的已故植物学家的喜爱之情。

　　我也要对拉舒和塔特拉表示诚挚的谢意，它们是追踪肉丸子的冒险家，感谢它们鼓舞人心的叫唤声。

　　感谢我的家人，他们有的会欣赏兰花，有的会欣赏棕榈树。

　　对于红杉、大黄和草莓，我就不感谢了。它们的植物状态无法让它们感知我的感激之情。

当然，我要由衷感谢我笔下的主人公，这些探险者们比菲利亚·福格①、印第安纳·琼斯和乔治·克鲁尼等人都要优秀。没有这些探险者，本书也不可能面世。

特别要感谢他们为促进知识进步所做的贡献，感谢他们跟我们分享了世界之美。

① 菲利亚·福格是法国作家儒勒·凡尔纳创作的长篇小说《八十天环游地球》的主角。

参考文献

详细列表可在网站www.dunod.com上下载。

全　书

[1] Allorge L.,Ikor O..La fabuleuse odyssée des plantes:Les botanistes voyageurs,les Jardins des Plantes,les Herbiers.Paris: JC Lattès,2003.

[2] Blanchard L.-M..L'aventure des chasseurs de plantes.Paris: Paulsen,2015.

[3] Candolle (DE) A..L'origine des plantes cultivées.Paris:Diderot Multimédia,1883.

[4] Lyte C..The plant hunters.Londres:London Orbis Publishing, 1983.

第一章

[1] Les Chinois et le thé.La revue de Paris:tome deuxième.N° 53,1844.

[2] Fortune R..La route du thé et des fleurs.Payot et Rivages,1994.

[3] Fortune R..Le vagabond des fleurs.Payot et Rivages,2003.

[4] Rose,S..For all the tea in China.How England stole the world's favourite drink and changed history.Penguin Books,2011.

第二章

[1] Duchesne A.-N..Histoire naturelle des fraisiers contenant les vues d'économie réunies à la botanique,et suivie de remarques particulières sur plusieurs points qui ont rapport à l'histoire naturelle générale.Paris :Didot Jeune,1766.

[2] Frezier A.F..Relation du voyage de la mer du Sud aux côtes du Chili,du Pérou,et du Brésil,fait pendant les années 1712,1713 & 1714.Paris,1716.

[3] Guillaume J..Ils ont domestiqué plantes et animaux :Prélude à la civilisation.Versailles:Quae,2011.

[4] Narumi S..L'usine de fraises du futur à Hokkaido.La première "usine à végétaux" du monde dédiée à l'agriculture pharmaceut ique.(2012-05-03).nippon.com.

[5] Risser G..Histoire du fraisier cultivé.La place de la génétique. INRA mensuel,1997(92):30-35.

第三章

[1] Bell G..The Story of Joseph Rock.Journal American Rhododendron Society,1983,37(4).

[2] Harding A..The Peony.Londres:Waterstones,1985.

[3] Wagner J..The Botanical Legacy of Joseph Rock.Arnoldia Arboretum of Harvard University,1992,52(2):29-35.

[4] Wagner J..From Gansu to Kolding,the expedition of J.F Rock in 1925-1927 and the plants raised by Aksel Olsen.Dansk Dendrologisk Årsskrift,1992.

第四章

[1] Boivin B..La flore du Canada en 1708,étude et publication d' un manuscrit de Michel Sarrasin et Sébastien Vaillant.Études littéraires,1977(10):1-2,223-297.

[2] Colloques internationaux du CNRS.Les botanistes français en Amérique du Nord avant 1850.Paris :éditions du CNRS,1957.

[3] Huong L./CVN,Le ginseng vietnamien en danger.Le courrier du Vietnam,2017-02-05.

[4] Laflamme J.C.K..Michel Sarrazin,matériaux pour servir à l'histoire de la science en Canada.Québec,1887.

[5] Marie-Victorin F..Flore Laurentienne.2e édition revue et mise à jour par Ernest Rouleau,illustrée par le Frère Alexandre.Presses de l'Université de Montréal,1964.

第五章

[1] Bellin I..Quand le pissenlit vient au secours du caoutchouc.Les Echos,2009-09-24.

[2] Berlioz-Curlet J..L'arbre Seringue,le roman de François Fresneau,ingénieur du Roy.Paris:Éditions J.M.Bordessoules,2009.

[3] Chevalier A..Le Pissenlit à Caoutchouc en Russie.Revue de botanique appliquée et d'agriculture coloniale,1945,25(275).

[4] Hallé F..Plaidoyer pour l'arbre.Arles:Actes Sud,2005.

[5] La Morinerie (baron de).Les Origines du caoutchouc.François Fresneau,ingénieur du roi,1703-1770.La Rochelle:impr.de N.Texier,1893.

[6] Serier J.-B..La légende de Wickham ou la vraie-fausse histoire du vol des graines d'hévéas au Brésil.Cahiers du Brésil Contemporain,1993(21).

第六章

[1] Gaffarel P.,André Thévet.Bulletin des recherches historiques,2012-11,18.

[2] Lapouge G..Equinoxiales.Paris:Pierre-Guillaume de Roux Éditions,2012.

[3] Lestringant F..André Thévet:cosmographe des derniers Valois. Genève:Librairie Droz,1991.

[4] Mahn-Lot M..André Thevet:Les singularités de la France antarctique autrement nommée Amérique [compte-rendu].Anna les,Économies,Sociétés,Civilisations,1983,38(3).

[5] Rufin J.-C..Rouge Brésil.Paris:Gallimard,2001.

[6] Thackeray F..Shakespeare,plants,and chemical analysis of early 17th century clay "tobacco" pipes from Europe.S Afr J Sci.,2015(111,7-8).

[7] Thevet A.,Laborie J.C.,Lestringan F..Histoire d'André Thevet Angoumoisin,Cosmographe du Roy,de deux voyages par luy faits aux Indes Australes et Occidentales Genève.Librairie Droz,2006.

第七章

[1] Boland M.,Moughan P.J..Nutritional benefits of kiwifruits. Advances in food and nutrition research,2013,68.

[2] Ferguson A.R..1904 – the year that kiwifruit (Actinidia deliciosa) came to New Zealand.New Zealand Journal of Crop and Horticultural Science,2004,32(1).

[3] Genest G..Les Palais européens du Yuanmingyuan :essai sur la végétation dans les jardins.Arts asiatiques,1994,49(1).

[4] Lin H.H.,Tsai P.S.,Fang S.C.,Liu J.F..Effect of kiwifruit consumption on sleep quality in adults with sleep problems. Asia Pac J Clin Nutr.,201120(2):169-174.

第八章

[1] Barney D.L.,Hummer K..Rhubarb :botany,horticulture and genetic resources.Horticultural reviews,2012,40.

[2] Chevalier A..Les Rhubarbes cultivées en Europe et leurs

origines.Revue de botanique appliquée et d'agriculture coloniale,1942,22(254).

[3] Cuvier G..Éloge historique de Pierre-Simon Pallas lu le 5 janvier 1813.Recueil des éloges historiques des membres de l' Académie royale des Sciences.Éloges historiques lus dans les séances publiques de l'institut royal des Science,1819,2.

[4] Lev-Yadun S.,Katzir G.,Neeman G..Rheum palaestinum (desert rhubarb),a self-irrigating desert plant.Naturwissenschaften,200 9-03,96,3.

[5] Omori Y.,Takayama H.,Ohba H..Selective light transmittance of translucent bracts in the Himalayan giant glasshouse plant Rheum nobile Hook.f.& Thomson (Polygonaceae).Botanical Journal of the Linnean Society,2000(132):19-27.

[6] Pallas P.S..Voyages de M.P.S.Pallas,en différentes provinces de l'Empire de Russie,et dans l'Asie septentrionale.traduits de l' allemand,par M.Gauthier de la Peyronie.1788-1793.

[7] Savelli D..Kiakhta ou l'épaisseur des frontières.Études mongoles et sibériennes,centrasiatiques et tibétaines.2008:38-39.mis en ligne le 17 mars 2009,consulté le 22 août 2017.

第九章

[1] Arnold J.,Bastin J..The Java journal of Dr Joseph Arnold. Journal of the Malaysian Branch of the Royal Asiatic Society,1973,46(1):223.

[2] Brown R..An Account of a New Genus of Plants Named Rafflesia.1821.

[3] Galindon J.M.M.,Ong P.S.,Fernando E.S..Rafflesia consueloae (Rafflesiaceae),the smallest among giants; a new species from Luzon Island,Philippines.PhytoKeys,2016(61):37-46.

[4] Mursidawati S.,Ngatari I.,Cardinal S.,Kusumawati R..Ex-situ conservation of Rafflesia patma Blume (Rafflesiaceae) – an

endangered emblematic parasitic species from Indonesia.J Bot Gard Hortic,2015.

[5] Raffles S..Memoir of the Life and Public Services of Sir Thomas Stamford Raffles,F.R.S.&c.Particularly in the Government of Java,1811-1816,and of Bencoolen and Its Dependencies,1817-1824:With Details of the Commerce and Resources of the Eastern Archipelago,and Selections from His Correspondence.Londres.By his widow,John Murray,1830.

[6] Shaw J..Colossal Blossom.Pursuing the peculiar genetics of a parasitic plant.Harvard Magazine,2017-03/04.

[7] Xi Z.,Bradley RK.,Wurdack KJ.,et al.,Horizontal transfer of expressed genes in a parasitic flowering plant.2012-06,8(13):227.

第十章

[1] Brosse J..Larousse des arbres et des arbustes.Paris: Larousse,2000.

[2] Farmer J..Trees in Paradise:A California history.New York: W.W.Norton & Co,2013.

[3] Kaplan S..The mystery of the "ghost trees" may be solved. Washington Post,2016-10.

[4] Menzies A..Menzies' journal of Vancouver's voyage,April to October,1792:edited,with botanical and ethnological notes by C.F.Newcombe,M.D.and a biographical note by J.Forsyth,1923.

[5] Moore Z.J..Albino leaves in Sequoia sempervirens show altered anatomy and accumulation of heavy metals.Poster présenté au Coast Redwood Science Symposium,University of California,2016.